Linda Suster

Schönes aus gefundenem Holz

stv

Schönes aus gefundenem Holz

Die besten Projekte mit Treibholz, Ästen & Co.

Linda Suster

Leopold Stocker Verlag
Graz – Stuttgart

Umschlaggestaltung: DSR Werbeagentur Rypka GmbH, A-8143 Dobl, www.rypka.at

Titelbilder Vorderseite: Oben links nach rechts: TC Bird, Anegada/iStock; unten links nach rechts: Linda Suster, TC Bird, Django/iStock
Titelbilder Rückseite: Oben links nach rechts: gerenme, Qulls, Martina Litvinova, Daniel Rudolf, subjug/iStock ; unten links nach rechts: TC Bird, Linda Suster, Charlotte Cox
Bildnachweis: Alle Bilder stammen, so nicht anders angegeben, von Linda Suster.

Aus dem Englischen ins Deutsche übertragen von Mag. Nina Schön.

Bibliografische Information der Deutschen Nationalbibliothek
Die Deutsche Nationalbibliothek verzeichnet diese Publikation in der Deutschen Nationalbibliografie; detaillierte bibliografische Daten sind im Internet unter http://dnb.d-nb.de abrufbar.

Hinweis: Dieses Buch wurde auf chlorfrei gebleichtem Papier gedruckt. Die zum Schutz vor Verschmutzung verwendete Einschweißfolie ist aus Polyethylen chlor- und schwefelfrei hergestellt. Diese umweltfreundliche Folie verhält sich grundwasserneutral, ist voll recyclingfähig und verbrennt in Müllverbrennungsanlagen völlig ungiftig.

Auf Wunsch senden wir Ihnen gerne kostenlos unser Verlagsverzeichnis zu:
Leopold Stocker Verlag GmbH
Hofgasse 5/Postfach 438
A-8011 Graz
Tel.: +43 (0)316/82 16 36
Fax: +43 (0)316/83 56 12
E-Mail: stocker-verlag@stocker-verlag.com
www.stocker-verlag.com

ISBN 978-3-7020-2018-7

Layout und Repro: Werbeagentur Rypka GmbH, 8143 Dobl, www.rypka.at

Inhalt

Einleitung

Aufgewachsen auf Big Island in Hawaii, sammle ich von Kindesbeinen an Muscheln, Treibholz und andere Kleinodien aus der Natur. Wann immer Holz angespült wurde, stellte ich mir vor, wie sein Leben wohl war, bevor es bis zu mir kam. Als ich in meinen frühen Teenagerjahren nach Südkalifornien zog, fand ich heraus, dass das Treibholz an dieser neuen Küste eine völlig eigene Persönlichkeit hatte. Eine wundersame Ansammlung verschiedener Formen, Farben und Texturen eröffnete mir eine ganz neue Welt! Als ich dann meine eigene Familie hatte, rief ich die alljährliche Tradition des einwöchigen Sommerurlaubs ins Leben, weg von unserem Zuhause im sonnigen San Diego und hin an den schönen Lake Tahoe in Nordkalifornien. Da wir jedes Jahr eine andere Route nahmen, konnten wir neue Flussufer, Küsten und Seeufer erkunden.

Durch meine Sammelleidenschaft für einzigartige Zweige, Äste, Steine und Muscheln begann ich damit, Geschenke für Freunde und Familie zu gestalten. Ihre Reaktionen inspirierten mich dazu, meine Projekte in größeren Maßstäben zu verwirklichen. Seitdem lasse ich meine Blicke stundenlang an den Ufern von Seen und Ozeanen auf der Suche nach Treibholz schweifen (zumindest da, wo man solche Dinge auch entnehmen darf), oder über ein Werkstück gebeugt, um auch noch das kleinste Detail anzukleben. Ich liebe jede Sekunde, die ich Gegenstände kreiere, die für andere zu Schätzen werden.

Fast das ganze Holz, das in diesem Buch gezeigt wird, habe ich auf meinen Reisen sorgfältig ausgewählt und jedes Stück trägt eine spezielle Erinnerung an seinen Fundort in sich (siehe Seite 108–113 für Ratschläge für das Sammeln ihres eigenen Holzes). Verwenden Sie die Dinge, die Sie über die Jahre gesammelt haben, für Ihre Projekte. Einige Techniken erfordern mehr Übung als andere und ich weiß aus eigener Erfahrung, wie einschüchternd es sein kann, eine neue Handwerkskunst zu erlernen. Lassen Sie sich versichern, dieses Buch steckt voller nützlicher Tipps und einfacher Schritt-für-Schritt-Anleitungen, damit Sie gut vorankommen. Nehmen Sie sich nur genug Zeit, um jeden dieser Schritte fertigzustellen. Und wie beim Kochen gilt es, keine Zeit zu verlieren, wenn das Feuer erst einmal heiß ist, also achten Sie darauf, alles zur Hand zu haben, bevor Sie beginnen.

Haben Sie keine Scheu, einem Projekt Ihren eigenen Anstrich zu verleihen, wenn Sie erst einmal ein paar Dinge ausprobiert haben. Meine Art ist definitiv nicht die einzige, und wenn sich etwas angenehmer für Sie anfühlt und es so scheint, als könnte es funktionieren – nichts wie los!
Viel Glück und frohes Schaffen,

Linda

Linda

© gerenme/iStock

Zweige

Die Zweigvase auf Seite 10 zeigt, dass sogar die kleinsten Zweiglein in etwas Nützliches für Ihr Zuhause verwandelt werden können. Größere Zweige lassen sich zuschneiden und aneinanderbinden, um zum weihnachtsbaumförmigen Kunstwerk zu werden, während ein einzelner robuster Zweig ein wohlklingendes Glas-Windspiel halten kann.

Zweigvase

Mit vier Einzelbestandteilen und minimalem Werkzeugaufwand haben Sie diese Vase in Waldoptik im Nu hergestellt! Die Zweige verstecken eine Glasvase, die das Wasser und die Blütenstiele hält.

MATERIALIEN

28–32 Zweige, 14 cm lang

1 Stück Zwirn, 40,5 cm lang

1 Stück Raffiabast, 101,5–122 cm lang

Glas, 14 cm hoch und 9 cm im Durchmesser

WERKZEUG

Lineal

Bohrmaschine mit Bohraufsatz im Durchmesser des Basts

Schere

TIPP

Suchen Sie eine Reihe von Zweigen in verschiedenen Farben oder Schattierungen aus. Sie sollten relativ gerade und glatt sein, damit sie sich gut in einer Reihe aneinanderschmiegen. Da sie rein dekorativ sind, müssen sie nicht robust sein, aber dick genug, dass man hindurchbohren kann.

Zweigvase

1 Verwenden Sie ein Lineal, um die Mitte der Länge eines jeden Zweigs abzumessen und bohren Sie an dieser Stelle jeweils ein Loch durch die Zweige.

2 Legen Sie die Anordnung der Zweige fest und fädeln Sie den Zwirn dann durch die Löcher.

3 Ordnen Sie die Zweige seitlich rund um die Vase an und verknoten Sie den Zwirn dann zum Befestigen mit einem doppelten Überhandknoten (siehe Seite 120). Überschüssigen Zwirn abschneiden.

1

2

3

4 Wickeln Sie den Raffiabast so rund um die Vase, dass er den Zwirn verdeckt. Binden Sie dann einen doppelten Überhandknoten und eine Schleife und schneiden Sie die Enden des Bandes zum Versäubern zu.

DESIGNIDEE

Wir haben diese Vase mit einem breiten Juteband anstelle des farbenfrohen roten Basts auf Seite 11 verziert. Sie können eine kräftige oder eine neutrale Farbe wählen oder das Band auswechseln, je nachdem, wie es zu Laune, Jahreszeit oder Blumen passt.

Weihnachtsbaum aus Zweigen

Nutzen Sie diesen heiteren und festlichen Baum, um Ihre Lieblingsschleifen und -christbaumkugeln zu präsentieren. Sie können ihn Jahr für Jahr verwenden, um den Advent zu feiern und Weihnachtsfreude an Ihre Haustür zu hängen.

MATERIALIEN

Ca. 16 Zweige in verschiedenen Größen, 6,3 cm bis 40,5 cm lang

hölzerner Stern, 7,6 cm breit

2 Längen Zwirn, je 183 cm

1 Stück Zwirn, 46 cm lang

Spulen mit gelbem, blauem und rotem Band, 0,5 cm breit

1 Spule türkises Band, 1 cm breit

Weihnachtsschmuck, z. B. Kugeln, Glocken, Tannenzweige, Stechapfelblätter und -beeren

WERKZEUG

Bandsäge oder starke Baumschere

Lineal

Schere

Heißklebepistole mit Klebstoffsticks

© TC Bird

Weihnachtsbaum aus Zweigen

1 Die Zweige auf einer glatten Oberfläche mit dem kürzesten oben und dem längsten unten auflegen. Wenn nötig, passen Sie die Längen mithilfe einer Bandsäge oder einer starken Baumschere an. Verwenden Sie das eine 183 cm lange Stück Zwirn, um die Zweige entlang der einen Seite, von oben beginnend, zusammenzubinden, und lassen Sie gleichmäßig viel Platz zwischen den einzelnen Stücken (siehe Tipp unten). Auf der anderen Seite wiederholen.

2 Verknoten Sie die Enden unten am Baum mit einem doppelten Überhandknoten (siehe Seite 120). Schneiden Sie überschüssigen Zwirn ab.

3 Binden Sie den hölzernen Stern mit dem 46 cm langen Stück Zwirn mit einem doppelten Überhandknoten oben an den Baum an.

TIPP

Um die Zweige miteinander zu verknoten, schlingen Sie ein Zwirnende um den oberen Zweig und binden einen doppelten Überhandknoten (siehe Seite 120). Für jeden Zweig wiederholen, bis Sie den untersten erreicht haben. Die Zweige sehen nun wie eine Leiter aus.

1

2

3

4 Binden Sie mit dem türkisen Band eine Schleife um den Stern.

5 Binden Sie auch die restlichen Bänder zu Schleifen und befestigen Sie sie und die anderen Dekorationen mit der Heißklebepistole am Baum, um ein ausgewogenes und festliches Erscheinungsbild zu erhalten.

4

5

TIPP

Wenn Ihr Stern eine Aufhängung hat, können Sie diese zum Anbringen des Baums verwenden. Alternativ können Sie einen Haken kaufen und hinten an den Stern ankleben.

Windspiel mit Fischen

Genießen Sie den Klang der vorbeiziehenden Brise, die klingelnd durch dieses Windspiel in maritimer Optik weht. Wir haben Glasfische zum Dekorieren verwendet, aber Sie können jede Form nehmen, die Ihnen gefällt. Achten Sie lediglich darauf, dass die Glasstücke auf gleicher Höhe hängen, damit sie aneinander anstoßen können.

MATERIALIEN

Treibholzstück, 28 cm lang und ca. 2,5 cm dick

12 Windspiel-Fische aus Glas (online erhältlich)

12 Längen Zwirn, 20–25 cm lang

1 Stück Zwirn, 30,5–35 cm lang

WERKZEUG

Lineal

Bleistift

Bohrmaschine mit Bohraufsatz im Durchmesser des Basts

Schere

Windspiel mit Fischen

1 Markieren Sie mit Lineal und Bleistift zwölf Punkte entlang der Länge des Treibholzstücks, jeweils etwa 2 cm voneinander entfernt. Bohren Sie in jeden Punkt ein Loch.

2 Binden Sie die zwölf kürzeren Zwirnstücke mit einem doppelten Überhandknoten (siehe Seite 120) an die Glasfische und achten Sie dabei darauf, dass diese auf gleicher Höhe hängen.

3 Fädeln Sie die freien Enden eines jeden Zwirns jeweils durch eines der Löcher im Treibholz und befestigen Sie sie mit einem doppelten Überhandknoten (siehe Seite 120).

1

2

3

TIPP

Sie können so viele oder so wenige Fische verwenden, wie Sie wünschen, passen Sie dazu die Abstände zwischen den Löchern so an, dass sie gleich weit voneinander entfernt sind. Sie können auch die Länge des Zwirns, an dem die Fische hängen, verändern.

4 Bohren Sie auf jeder Seite des Treibholzes ein Loch zwischen den ersten und den zweiten Knoten.

5 Führen Sie das längere Stück Zwirn jeweils von oben durch das Loch und verknoten Sie es an der Unterseite. Hängen Sie das Windspiel daran auf.

DESIGNIDEE

Halten Sie statt der Fische online nach anderen Glasformen Ausschau. Wählen Sie alternativ Muscheln aus, in die Löcher gebohrt sind, um ein meerjungfrauentaugliches Windspiel zu gestalten.
(Für Tipps zum Bohren in Muscheln siehe Seite 53.)

Äste

Äste bieten so viel Raum für Kreativität, ganz gleich, ob sie dick und knorrig, gerade oder gebogen sind. Ein einzelner knorriger Ast trägt ein Kleiderhaken-Trio, während eine Reihe in einen Rahmen gesetzter kräftiger Äste Ihnen Platz bietet, Ihren Hut aufzuhängen. Umschlungen von funkelnden Lichtern wird ein Bündel aus Ästchen zum rustikalen Kronleuchter.

Kleider-haken-Trio

Halten Sie Ausschau nach einem Ast mit einer interessanten Form, der groß und knorrig genug ist, um drei Kleiderhaken aus Metall zu tragen. Das fertige Werkstück sorgt für rustikalen Charme im Windfang.

MATERIALIEN

Ast (die Größe hängt von Vorliebe und Verfügbarkeit ab)

Zackenaufhänger (Schwerlast)

3 Kleiderhaken mit Schrauben

WERKZEUG

Handhobel, falls benötigt

Bohrer

Bleistift

© TC Bird

Kleiderhaken-Trio

1 Falls die Rückseite des Astes abgeflacht werden muss, damit sie plan an der Wand aufliegt, verwenden Sie einen Handhobel, um die Oberfläche zu glätten.

2 Befestigen Sie den Zackenaufhänger an der Rückseite des Astes, indem Sie die Anleitung auf der Verpackung befolgen.

1

2

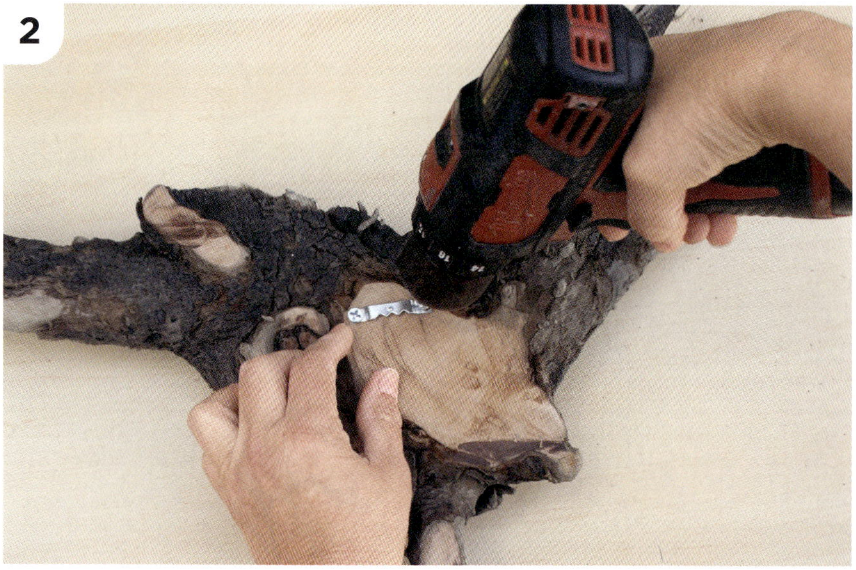

TIPP

Falls Sie einen Hobel verwenden, denken Sie daran, immer in Maserungsrichtung zu arbeiten, genau wie beim Schleifen. Für weitere Tipps zum Hobeln siehe Seite 114.

3 Markieren Sie auf der Vorderseite des Astes die gewünschten Positionen der Kleiderhaken mit Bleistift. Machen Sie für die Position einer jeden Schraube eine Markierung.

4 Bohren Sie an den markierten Stellen Führungslöcher vor.

5 Verwenden Sie die mitgelieferten Schrauben, um die Haken an dem Ast zu befestigen. Hängen Sie den Kleiderhaken mit den Zackenaufhängern an die Wand.

Kronleuchter aus Ästen

Bringen Sie mit diesem einfachen Kronleuchter ein kleines bisschen Wald in Ihr Zuhause und verleihen Sie jeder Essenseinladung eine fröhliche Note. Die Äste, aus denen dieser Kronleuchter besteht, hängen an einem Metallring und werden mit einer batteriebetriebenen funkelnden Lichterkette verziert.

MATERIALIEN

4–5 Äste, 76–91,5 cm lang

batteriebetriebene LED-Lichterkette (Batterien inklusive)

1 Metallring, 5 cm im Durchmesser

1,8–2,4 m derbes Seil

2 Stück dünner Bindedraht, 35–40,5 cm und 91,5 cm lang

WERKZEUG

Bürste

Baumschere

Schere

Seitenschneider

Kronleuchter aus Ästen

1 Verwenden Sie eine Bürste, um jegliche Verschmutzungen oder lose Teile von den Ästen zu entfernen. Ordnen Sie die Äste so an, dass sie an den Stielen zusammenpassen und nach oben hin auseinandergehen.

2 Entfernen Sie überschüssige Zweige von der Unterseite der Äste mit einer Rosenschere, damit sie unten näher zusammenliegen.

3 Verwenden Sie das kürzere Stück Draht, um das Batteriefach der Lichter unten an einem Stiel zu befestigen, indem Sie ihn um und durch das Batteriefach wickeln. Achten Sie darauf, dass der Schalter erreichbar bleibt.

4 Ordnen Sie die anderen Äste rund um den Ast mit dem Batteriefach so an, dass die Enden nach oben hin auseinandergehen. Binden Sie die Äste unten an den Stielen mit dem längeren Stück Draht zusammen und achten Sie darauf, dass das Batteriefach außerhalb dieses „Straußes“ bleibt.

1

2

3

4

5 Binden Sie das Seil um den Metallring und befestigen Sie es mit einem doppelten Überhandknoten (siehe Seite 120). Stecken Sie einen Ast in den Ring.

6 Klemmen Sie den Knoten des Seils durch die Mitte der Astansammlung und ziehen Sie ihn fest. Wickeln Sie dann die Schnur rund um diesen „Strauß“, um das Batteriefach zu verstecken; dabei darauf achten, dass Sie immer noch an den Schalter kommen.

7 Binden Sie einen doppelten Überhandknoten oben am Kronleuchter, nahe am Ring, damit alles an seinem Platz befestigt ist.

8 Verteilen Sie die Lichter im Kronleuchter gut auf alle Äste.

TIPP

Eventuell brauchen Sie ein zweites Paar Hände, das Ihnen hilft, den Kronleuchter zu halten, während Sie in Schritt 5 den Ast und das Seil in den Ring einführen.

TIPP

Verwenden Sie den Metallring, um den Kronleuchter von einem Haken an der Decke oder einer stabilen Leuchte hängenzulassen.

Rustikale Garderobe

Ihre Gäste werden diese rustikale Garderobe bestimmt lieben – eine großartige Ergänzung für jeden Eingangsbereich! Verwenden Sie Äste mit einem Durchmesser von mindestens 2,5 cm, damit sie stabil genug sind, um sowohl Mäntel und Taschen als auch Hüte und die Hundeleine zu tragen.

MATERIALIEN

7 stabile Zweige,
mind. 30,5 cm lang

2 Stück aufbereitetes Holz,
30,5 x 7,6 cm

2 Stücke aufbereitetes Holz,
76,2 x 7,6 cm

22 Schrauben, 2 cm lang,
3,5 mm im Durchmesser

2 Zackenaufhänger (Schwerlast)
mit Schrauben

WERKZEUG

Hochleistungs-Baumschere

Gehrungssäge

Bohrer mit Bohr-
und Schraubaufsätzen

© Charlotte Cox

Rustikale Garderobe

1 Schneiden Sie die Äste mit der Baumschere auf eine Länge von 30,5 cm zu. Ordnen Sie sie auf einer geraden Oberfläche, wie gewünscht, an.

2 Legen Sie, ebenfalls auf einer geraden Oberfläche, das aufbereitete Holz so auf, dass es einen rechteckigen Rahmen bildet, in den die Äste hineinpassen. Befestigen Sie die Holzstücke an den Ecken miteinander; verwenden Sie dazu je zwei Schrauben pro Ecke. Sie müssen nicht vorbohren.

TIPP

Verwenden Sie mindestens 2,5 cm dicke Äste derselben Baumsorte mit vielen kleineren Ästen, die aus ihnen herauswachsen, um die Haken zu gestalten. Versuchen Sie, einen langen Ast zu finden und ihn in 30,5 cm lange Stücke zuzuschneiden.

3 Ordnen Sie die Äste im Inneren des Rahmens so an, dass sie sich an der Vorderkante befinden und gleichmäßig verteilt sind. Befestigen Sie die Äste mit einer Schraube an jedem Zweigende am Rahmen. Sie brauchen keine Führungslöcher vorzubohren.

4 Treffen Sie eine Entscheidung über die Position der Zackenaufhänger – da sie das Gewicht der Garderobe tragen, sollten Sie etwa 2,5–3,8 cm von jeder Kante entfernt sein. Bohren Sie Führungslöcher in die Rückseite des Rahmens und befestigen Sie die Zackenaufhänger dann mit Schrauben.

3

4

Treibholz

Geschliffen von der See und gebleicht von der Sonne, ist Treibholz mein Lieblingsmaterial. Von dekorativ (ein schlichtes Segelboot oder eine Hängedekoration) über elegant (ein Spiegel, umgeben von einer Krone aus Zweigen oder einem mit Muscheln versehenen Rahmen) bis hin zu praktisch (ein rustikaler Flaschenöffner oder ein Teelichthalter) – es gibt für jedes Stück Treibholz, das Sie am Strand auflesen, ein Projekt, um es in Szene zu setzen.

Wandspiegel mit Sonnenkrone

Dieser wunderschöne Blickfang im Sonnendesign ist ein Hingucker für jede Wand. Sie können für dieses Projekt Treibholz verwenden; da Sie allerdings 100 Einzelstücke benötigen, könnte es einfacher sein, passende Zweige zu finden.

MATERIALIEN

30,5 cm Sperrholzring für Blumenkränze

braune Farbe (oder Farbe Ihrer Wahl)

Ca. 100 dicke, 12,5–15 cm lange Zweige

Spiegel, 25,4 cm im Durchmesser

Zackenaufhänger (Schwerlast) mit passenden Schrauben

WERKZEUG

Farbpinsel

starker Allzweckkleber

Bohrer mit Aufsatz für den Zackenaufhänger

DESIGNIDEE

Um das Stück noch effektvoller zu gestalten, fügen Sie einen Ring aus Treibholzstücken rund um den Spiegel hinzu. Legen Sie das fertige Werkstück mit der Vorderseite nach oben auf eine Arbeitsfläche und ordnen Sie die Stücke an, um einen runden Rahmen zu gestalten. Kleben Sie sie mit der Technik, die für den Shabby-Chic-Kerzenhalter (siehe Seite 54) verwendet wird, an.

Wandspiegel mit Sonnenkrone

1 Den Sperrholzring streichen und trocknen lassen.

2 Ordnen Sie eine erste Grundschicht aus Treibholzstücken rund um den Ring an und richten Sie dabei ein Holzende an der Innenkante des Rahmens aus. Wenn Sie mit der Anordnung zufrieden sind, kleben Sie die Holzstücke mit Klebstoff fest. Trocknen lassen.

1

2

TIPP

Statt eines Sperrholzrahmens aus dem Floristenbedarf als Basis für diesen Spiegel könnten Sie auch einen rechteckigen, herzförmigen oder anders geformten Rahmen verwenden.

3 Für mehr Tiefe und Textur kleben Sie eine zweite Holzschicht auf die Grundschicht. Legen Sie die Holzstücke zwischen jene der ersten Schicht. Trocknen lassen. Ordnen Sie einen Ring aus Zweigen rund um das Loch in der Mitte des Rahmens an. Erneut trocknen lassen.

4 Legen Sie den Rahmen aus Zweigen mit der Vorderseite nach unten auf eine saubere Arbeitsoberfläche. Nun positionieren Sie den Spiegel so, dass das Glas nach unten zeigt und in der Mitte des Rahmens liegt. Kleben Sie ihn an und lassen Sie ihn trocknen.

5 Überlegen Sie sich, wo am Rahmen oben sein soll, und bringen Sie den Zackenaufhänger dort an, indem Sie ihn an dem Sperrholzring befestigen. Dafür bohren Sie zwei oberflächennahe Führungslöcher vor und drehen dann die Schrauben ein. Hängen Sie den Spiegel an die Wand.

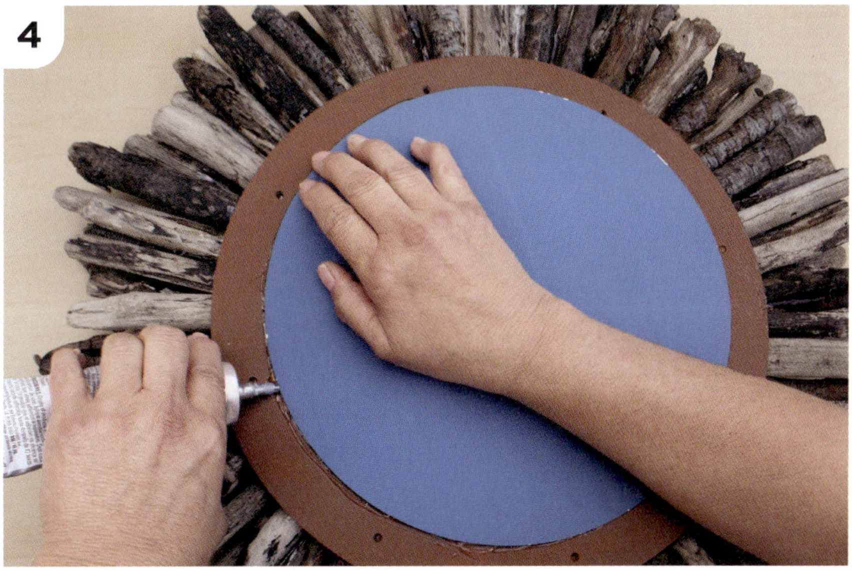

DESIGNIDEE

Der Rahmen kann auch ohne Spiegel als atemberaubender Wandbehang verwendet werden.

Mini-Segelboot

Halten Sie Ihre Erinnerungen an das Leben am Strand – oder am Wasser – wach, indem Sie dieses süße Segelboot in Ihrem Zuhause aufstellen. Selbst wenn Sie weit weg von der Küste leben, ist es eine tägliche Erinnerung an sonnige Tage mit dem Wind in Ihrem Haar und dem Sand zwischen Ihren Zehen.

MATERIALIEN

1 flaches Stück Treibholz, 18–23 cm lang und 10–12,5 cm breit

1 Rundholz, 1 cm im Durchmesser, 30,5 cm lang

1 Stück gemusterter Stoff, 21,6 x 28 cm

1 Stück Band, ca. 10 cm lang

2 bronzefarbene Polsternägel oder ähnliche Holzschrauben mit Kopf oder Haken zum Befestigen des Zwirns

Zwirn, ca. 122 cm lang

WERKZEUG

Stift

Lineal

Schere

1 Stück Holzrest oder Kork als Bohrunterlage

Bohrer mit Bohraufsatz in der Größe des Rundholzes

Nadel mit großem Öhr

Feuchtes Küchentuch oder Wattestäbchen

Textilkleber

Holzleim

© TC Bird

Mini-Segelboot

1 Falten Sie den Stoff in der Hälfte zu einem Dreieck und zeichnen Sie entlang der diagonalen Falte eine Linie an, um den Stoff dann in zwei Hälften zu schneiden.

2 Die beiden Stoffstücke so mit den Rückseiten nach oben auflegen, dass die langen, senkrechten Kanten einander berühren und ein dreieckiges Segel bilden. Für den Mast legen Sie das Rundholz entlang dieser Kanten in die Stoffe. Lassen Sie es oben ein wenig und unten 6,5 cm herausschauen. Den Klebstoff in der Mitte des Rundholzes auftragen, die Enden auslassen, beide Stoffstücke über das Holz falten und festdrücken. Trocknen lassen.

3 Suchen Sie die Mitte des Zwirns durch Zusammenlegen in zwei Hälften und bringen Sie ihn über der Falte oben am Masten an. Wickeln Sie ihn an der Spitze des Segels oben um das Rundholz. Mit einem Überhandkonten (siehe Seite 120) befestigen.

4 Wickeln Sie beide Enden jeweils an einer Seite des Knotens zweimal um das Rundholz. Genug Zwirn zum Befestigen mit einem Überhandknoten an der Rückseite des Rundholzes stehenlassen.

1

2

3

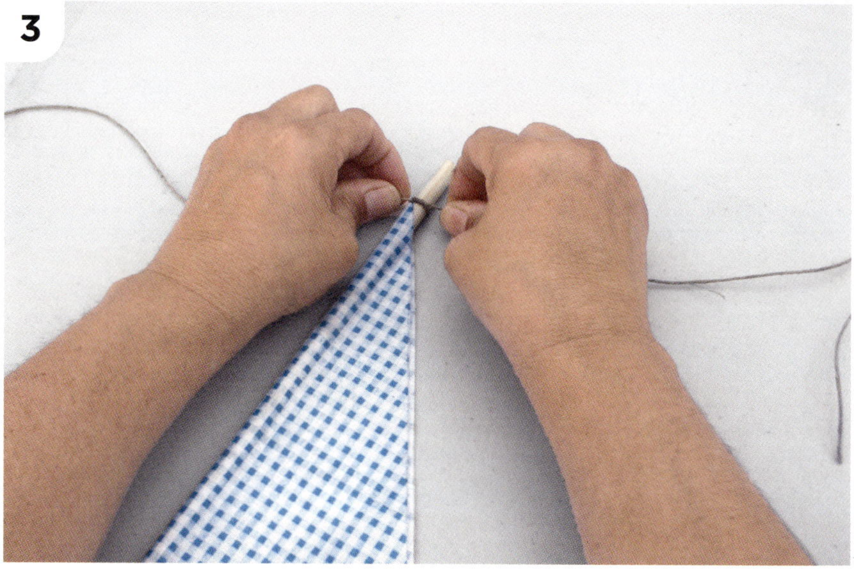

4

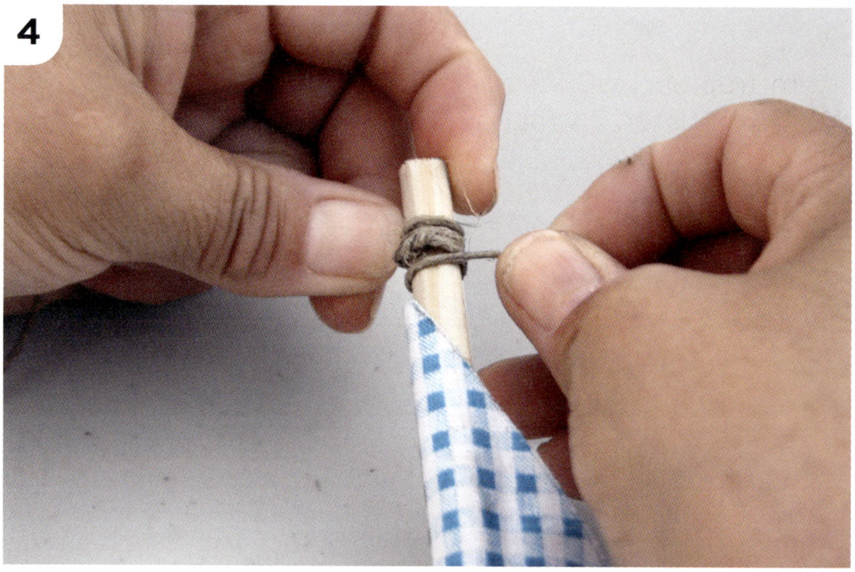

5 Fädeln Sie den Zwirn in eine Nadel mit großem Öhr und nähen Sie entlang der Kante an der offenen Seite des Segels sechs gleichmäßige Heftstiche. Das andere Stück Zwirn frei oben am Segel hängenlassen.

5

6 Ein nicht zu tiefes (1,3–2 cm) Loch im Durchmesser des Masts etwa 5–7,6 cm von einem Ende aus gemessen in das Boot bohren. Geben Sie einen großzügigen Tropfen Holzleim in das Bohrloch und kleben Sie den Mast ein. Überschüssigen Leim mit einem feuchten Tuch oder einem Wattestäbchen abwischen und komplett trocknen lassen.

6

7 An jedem Ende des Treibholzes einen Polsternagel so anbringen, dass er gut hält, aber noch aus dem Holz herausschaut.

7

8 Wickeln Sie eines der losen Zwirnenden zum Spannen um einen der Polsternägel herum und befestigen Sie es mit einem Tropfen Stoffkleber. Mit dem anderen Zwirnende und dem zweiten Polsternagel wiederholen.

8

9 Falten Sie das Stück Band in der Mitte und schneiden Sie die Enden v-förmig zu. Oben über dem Segel um den Mast herumwickeln und ankleben, dann vollständig trocknen lassen.

9

Spiegel in Strandoptik

Fröhlich und maritim – dieser Spiegel bringt einen Hauch Meeresküste in Ihr Zuhause.

MATERIALIEN

1 rechteckiger Spiegel, 20,3 x 25,4 cm groß

2 Treibholzholzstücke, 15–20 cm

2 Treibholzholzstücke, 25,4–30,5 cm

2 Treibholzholzstücke, 35–40,5 cm

8 oder 10 Muscheln

WERKZEUG

starker Allzweckkleber

Lineal

Spiegel in Strandoptik

1 Legen Sie die zwei großen Treibholzstücke auf einer Arbeitsfläche parallel zueinander zueinander mit einem Abstand von 19 cm und mit den Vorderseiten nach oben auf.

2 Ordnen Sie die beiden mittleren Treibholzstücke an den Enden der längeren so an, dass ein Rahmen entsteht. Mit Klebstoff befestigen.

3 Bringen Sie die beiden kleinen Treibholzstücke an den längeren, senkrechten Teilen des Rahmens, wie gewünscht, an. Mit Klebstoff befestigen.

1

2

3

4 Ordnen Sie die Muscheln, wie gewünscht, am Rahmen an und kleben Sie sie fest. Lassen Sie den Klebstoff trocknen, bevor Sie mit dem nächsten Schritt weitermachen.

5 Drehen Sie den Rahmen vorsichtig um und legen Sie ihn mit der Oberseite nach unten auf die Arbeitsfläche. Tragen Sie je eine dünne Klebstofflinie an den Innenkanten des Holzes auf (nur an den Teilen, die den Spiegel berühren werden) und legen Sie den Spiegel mit der Vorderseite nach unten mittig auf das Holz. Drücken Sie ihn an, um sicherzugehen, dass der Klebstoff Kontakt mit allen Oberflächen hat. Lassen Sie das Werkstück vollständig trocknen, bevor Sie es umdrehen und verwenden.

4

5

DESIGNIDEE

Statt einen Spiegel einzukleben, kann der Rahmen auch Ihr Lieblingsfoto tragen. Bringen Sie einfach einen magnetischen Clip-Rahmen mit Allzweckkleber auf der Rückseite an. Dann können Sie das Foto austauschen, wenn Sie möchten.

Treibholz-Skulptur

Bei diesem Projekt können Sie eine Auswahl liebevoll gehüteter Dinge verwenden – Treibholz, eine Muschel oder auch ein Stück Seil. Wenn nicht, können Sie ein paar Dinge zusätzlich käuflich erwerben. So oder so gestalten Sie bestimmt eine Skulptur, die einfach perfekt ist; ganz egal, wohin Sie sie hängen!

MATERIALIEN

40 bis 60 Treibholzstücke, 10–12,5 cm lang

1 Stück Schnur, 91,5–122 cm lang

1–3 Perlen oder eine Muschel, je nachdem, wie Sie die Skulptur aufhängen und wie Sie die Oberfläche behandeln möchten.

WERKZEUG

Bleistift

Holzrest oder Kork als Bohrunterlage

Bohrmaschine mit Bohraufsatz in der Stärke der Schnur

Bürste

Schere

starker Allzweckkleber

© Django/iStock

Treibholz-Skulptur

1 Legen Sie alle Holzstücke in einer Reihe auf und treffen Sie eine Entscheidung über die Anordnung für Ihre Skulptur. Messen Sie jedes einzelne ab und markieren Sie die Mitte mit einem Bleistift.

2 Bohren Sie mit einem Holzrest oder einem Kork-Untersatz als Unterlage zum Schutz der Arbeitsfläche je ein Loch durch jedes Holzstück und entfernen Sie etwaige Verschmutzungen mit einer Bürste.

1

2

TIPP

Sie können die Mitte eines jeden Holzstücks abmessen oder einfach schätzen. Wenn Sie das Holz nicht abmessen, sieht die fertige Skulptur natürlicher gewachsen aus.

3 Bereiten Sie die Schnur vor. Sie können einfach eine Schlinge machen, an der Sie die Skulptur aufhängen (wie hier), oder Sie können sie um eine Perle oder durch ein in eine Muschel gebohrtes Loch (siehe Tipp unten) mit einem doppelten Überhandknoten (siehe Seite 120) binden.

4 Fädeln Sie die Schnur durch die Holzstücke und behalten Sie sie dabei in der gewünschten Anordnung – Sie können wählen, wie fest oder lose Sie dies machen möchten.

5 Sind einmal alle Einzelstücke auf die Schnur gefädelt, achten Sie darauf, dass die Skulptur die gewünschte Spannung aufweist. Dann binden Sie die untere Seite mit einem doppelten Überhandknoten ab. Geben Sie ein paar Tupfer Klebstoff in die Schlingen des Knotens, um ihn zu befestigen.

3

4

5

TIPP

Wenn Sie sowohl Muscheln als auch Zweige verwenden, seien Sie vorsichtig beim Bohren. Einige Muscheln, beispielsweise Sanddollar oder Seestern, sind zart und erlauben beim Bohren nicht viel Druck, während andere, wie etwa Sandklaffmuscheln, extrem stark und dick sind und Geduld erfordern, um hindurchzukommen!

Teelichthalter im Shabby-Chic-Look

Verleihen Sie jedem gedeckten Tisch sofort rustikalen Charme mit dieser Teelicht-Dekoration. Kleine Treibholzstücke werden so arrangiert, dass sie einen gläsernen Kerzenhalter tragen können. Wir haben unseren mit einer Stumpenkerze versehen, aber Sie können jede Kerze verwenden, die ins Glas passt und die Sie zur Hand haben.

MATERIALS

10 bis 15 Treibholzstücke in variierenden Größen, 7,6 cm bis 15 cm lang

Kleiner gläserner Kerzenhalter für Stumpenkerzen

WERKZEUG

Bleistift

Wattestäbchen und feuchte Küchenrolle (optional)

starker Allzweckkleber

Teelichthalter im Shabby-Chic-Look

1 Ordnen Sie die Holzstücke in einem sich nach oben hin verjüngenden Turm an, wobei die größten Stücke einander überlappen, um die Grundfläche zu bilden, und die kleineren, gebogeneren Stücke oben liegen sollten, um den gläsernen Kerzenhalter zu tragen. Achten Sie darauf, dass das Loch in der Mitte der obersten Schicht zwar groß genug ist, dass der Kerzenhalter hineinpasst, aber noch klein genug ist, dass er stramm sitzt.

2 Wenn Sie mit der Anordnung der einzelnen Stücke zufrieden sind, markieren Sie mit dem Bleistift die Stellen mit dem besten Kontakt zwischen ihnen.

1

2

SICHERHEIT

Bevor Sie die letzte Holzschicht ankleben, vergewissern Sie sich, dass der obere Rand des gläsernen Kerzenhalters über dem Holz sitzt, um die Gefahr zu vermeiden, dass das Holz Feuer fangen könnte.

3 Nehmen Sie den Turm auseinander und notieren Sie sich, wohin die einzelnen Stücke gehören. Beginnen Sie mit der ersten Schicht und tupfen Sie vorsichtig Klebstoff auf jede Bleistiftmarkierung. Verbinden Sie die Einzelteile miteinander und legen Sie sie für 20–30 Minuten, oder bis der Klebstoff getrocknet ist, beiseite, bevor Sie die nächste Schicht aufbauen.

3

4 Schritt 3 für jede Holzschicht wiederholen.

4

5 Die letzte Schicht muss sowohl eng genug sein, um den gläsernen Kerzenhalter an Ort und Stelle zu halten, als auch das Gewicht von Kerzenhalter und Kerze tragen können. Sie sollten die Größe eher ein bisschen enger bemessen und den Kerzenhalter dann an seinen Platz zwängen, wenn der Klebstoff vollständig getrocknet ist. Verbinden Sie die letzten Holzstücke miteinander und stellen Sie Kerzenhalter und Kerze hinein.

5

TIPP

Wenn es Sie nervös macht, den Klebstoff direkt aus der Tube auf das Holz aufzutragen, verwenden Sie ein Wattestäbchen zum Aufbringen und halten Sie ein feuchtes Stück Küchenrolle bereit, um eventuellen Überschuss wegzuwischen.

Flaschenöffner mit Waldflair

Dieser Flaschenöffner ist bestimmt Gesprächsthema bei jeder Party – versuchen Sie nur, nicht zu sehr mit Ihrem handwerklichen Geschick zu prahlen! Sie können den Flaschenöffner auf jede sichere, vertikale Oberfläche montieren, wo Sie ihn immer zur Hand haben.

MATERIALIEN

1 Treibholzstück, 43–45,7 cm lang

Flaschenöffner

2 Schrauben für den Flaschenöffner, 2,5 cm

2 Verankerungsschrauben, um den Flaschenöffner an der Wand zu befestigen

4 Zwirnstücke, je 15 cm lang (oder 2 Stücke, jeweils lang genug, um sie zweimal um Ihr Treibholzstück zu binden)

WERKZEUG

Tischsäge

Bleistift

Bohrer

Holzrest oder Kork als Bohrunterlage

Bohraufsatz in derselben Größe wie die 2,5-cm-Schrauben

Bohraufsatz, etwas größer als die 7,6-cm-Schrauben

Schraubenzieher mit demselben Kopf wie die Schrauben

Schere

Holzklebstoff

Flaschenöffner mit Waldflair

1 Entscheiden Sie, welche Seite des Treibholzstücks die Vorderseite sein soll. Schneiden Sie mit einer Tischsäge die Rückseite des Treibholzstücks glatt ab, damit sie flach an der Wand hängen kann.

2 Legen Sie den Flaschenöffner an die gewünschte Stelle auf der Vorderseite des Treibholzes und markieren Sie die Positionen der kurzen Schrauben. Bohren Sie flache Führungslöcher (weniger als 2,5 cm tief) in das Holz. Befestigen Sie den Flaschenöffner mit den 2,5 cm langen Schrauben an dem Treibholz.

3 Messen Sie 6,3 cm von jedem Ende des Treibholzes aus (oben und unten) und bohren Sie mit einem Bohrer, der etwas größer als die 7,6-cm-Schrauben ist, ein Führungsloch vor.

TIPP

Die Löcher, die Sie oben und unten in das Treibholz gebohrt haben, dienen dazu, den Flaschenöffner mit langen Schrauben an der Wand zu befestigen. Vergewissern Sie sich, dass die Schrauben leicht durch das Holz gehen, damit Sie den Flaschenöffner an der Wand befestigen können.

1

2

3

4 Um die Stelle für die Akzente aus Seil zu finden, messen Sie 5 cm über und unter dem Flaschenöffner und machen dann an diesen Stellen kleine Bleistiftmarkierungen.

5 Überlegen Sie, wo Sie den Flaschenöffner an die Wand hängen möchten. Halten Sie den Flaschenöffner fest und bohren Sie durch die Führungslöcher im Treibholz in die Wand oberhalb des Öffners, dann führen Sie eine der langen Schrauben ein und ziehen Sie sie fest. Auf der Unterseite des Flaschenöffners wiederholen.

4

5

TIPP

Der Flaschenöffner muss sicher hängen, da Sie Kronkorken an ihm einhaken werden, um sie zu öffnen. Statt zuerst Führungslöcher in die Wand zu bohren, ist es am besten, ihn direkt an die Wand (oder einen Baum) zu schrauben.

Baum-stämme

Standhaft und rustikal, so bringen Baumstämme das Flair des Waldes in Ihr Zuhause. Von einfachen (ein Tisch aus einer auf Metallbeine gelegten Holzscheibe) bis hin zu komplexen Zusammenbauten aus Stämmen, Brettern und Ästen gibt es hier ein Projekt für jede Fähigkeitsstufe. Ein eleganter Lampensockel und ein buntes Upcycling-Pflanzgefäß runden das Angebot in diesem Kapitel ab.

Adretter Zweisitzer

Sie werden sich wie ein richtiger Waidmann fühlen, wenn Sie diese rustikale Garderobenbank bauen, die vollständig aus gefundenen Stämmen und stabilen Ästen besteht.

MATERIALIEN

4 aufbereitete Holzstücke für die Querstreben, 30,5 cm lang x 2,5 cm breit

4 aufbereitete Holzstücke für die Beine, 46 cm hoch x 6,3–9 cm breit

4 aufbereitete Holzstücke für die Längsstreben, 91,5 cm lang x 2,5 cm breit

20–24 Leisten für die Bank, 46 cm lang in variierenden Breiten und Texturen

16 Schrauben, 6,3 cm

40–48 Schrauben, 4 mm im Durchmesser und 4 cm lang (2 je Latte)

WERKZEUG

Tischsäge

Gehrungssäge

Bohrmaschine mit Bohraufsatz in derselben Größe wie die Schrauben

2,5-cm-Bördel- oder Fräser-Aufsatz und Schraub-Aufsatz für die Bohrmaschine

Maßband

Bleistift

© TC Bird

Adretter Zweisitzer

1 Verschmälern Sie die Enden des Holzes für die Querstreben, indem Sie eine Reihe schneller Schnitte durchführen, damit diese in die 2,5 cm großen Löcher passen, die Sie mit dem Bördel-Aufsatz anbringen werden.

2 Benutzen Sie den Bördel-Aufsatz, um Verbindungslöcher am Ende eines jeden Beins herzustellen. Drehen Sie das Bein so, dass die Löcher in einem 90-Grad-Winkel stehen, bohren Sie ein weiteres Loch 20,3 cm unter den ersten Löchern, damit diese als zweites Paar Haltelöcher fungieren können. Bei allen vier Beinen wiederholen.

3 Bohren Sie ein Führungsloch in jedes mit dem Bördel-Aufsatz gebohrte Loch. (In jedem Löcherpaar sollte ein Führungsloch nach unten und das andere nach oben zeigen, ohne dass die Schrauben zusammenstoßen.)

TIPP

Wenn Sie an den Latten arbeiten, schleifen Sie etwaige raue Kanten des Holzes glatt und überlegen Sie, ob Sie die Schrauben versenken möchten, damit sie plan mit der Oberfläche der Bank liegen (siehe Seite 118).

1

2

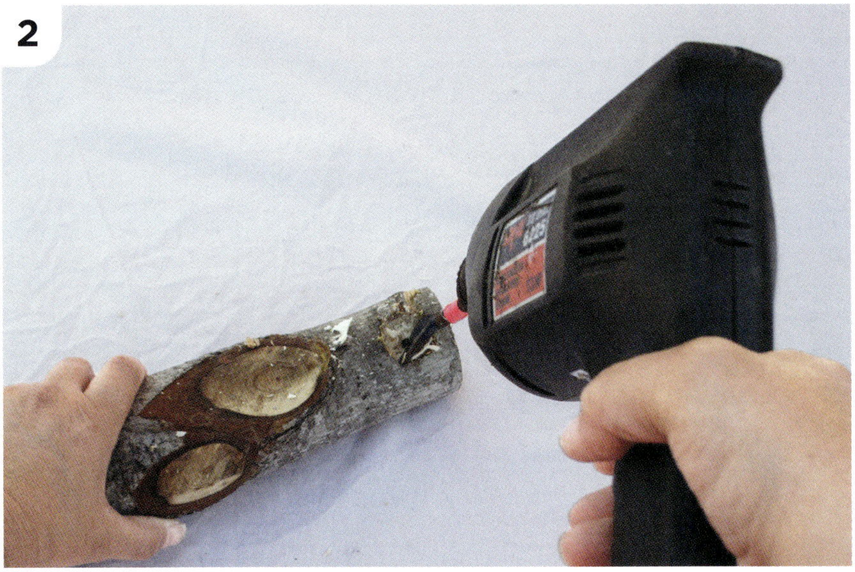

3

4 An einer Seite der Bank fügen Sie die Querstreben in das Loch und schrauben dann 6,3 cm lange Schrauben ein. Auf der anderen Seite wiederholen. Richten Sie beide Seiten auf und fügen Sie die Längsstreben ein. Die Schrauben eindrehen und auf der anderen Seite wiederholen.

5 Legen Sie die Holzstücke für die Latten oben auf das fertige Grundgestell der Bank. Bohren Sie ein Führungsloch in jedes Ende, wo sich die Latte über den Längsstreben befindet. Für jede Latte wiederholen.

6 Stecken Sie eine 4 cm lange Schraube durch jedes Führungsloch, um eine Latte an der Längsstrebe zu befestigen. Bei jeder Latte wiederholen.

Bücherregal aus Birkenstämmen

Diese elegante Regaleinheit bringt natürliche Schönheit an jede Wand in Ihrer Wohnung. Sie können darin Bücher, geliebte Kleinodien und Fotos dekorativ darin arrangieren.

MATERIALIEN

5 Regalbretter, in verschiedenen Längen (91,5–122 cm) und Breiten (12,5–20 cm) zugeschnitten; Ahorn, Pappel und Birke sind eine gute Wahl.

8–10 Birkenstammstücke, paarweise in verschiedenen Längen von 20–30,5 cm zugeschnitten (ein paar der Stücke werden dekorativ genutzt und benötigen keinen Partner)

4 Möbelbeine zum Anschrauben in der gewünschten Farbe/Beschaffenheit (ursprünglich für Stühle oder Sofas gedacht)

16–20 Schrauben, 4 mm im Durchmesser und 4 cm lang (zwei für jedes Stammstück, das Sie verwenden werden)

Schleifpapier, Körnung 400

Holzdübel (optional)

2 L-förmige Winkel

WERKZEUG

Handschleifgerät

Gehrungssäge

Maßband oder Lineal

Bleistift

Bohrer mit Bohraufsätzen

Holzreste

Gummihammer

Starker Allzweckkleber

1979 Artist's Market

Bücherregal aus Birkenstämmen

1 Schleifen Sie die Oberseiten der Regalbretter, um sicherzustellen, dass die Oberfläche glatt ist. Suchen Sie das Stück aus, das Sie sich als oberstes Brett des Buchregals wünschen, und legen Sie es beiseite.

2 Messen Sie die Baumstammstücke ab, um die Längen zu überprüfen. Sie brauchen ein Paar Trägerstücke für jedes Regalbrett. Die benötigte Anzahl an dekorativen Baumstammstücken in variierenden Längen hängt von Ihren Vorlieben ab. Im hier gezeigten Beispiel gibt es acht Trägerstücke und zwei Zierstämme.

3 Schneiden Sie die Baumstammstücke auf die gewünschten Maße zu.

4 Legen Sie die Position der Baumstämme fest. Es ist nicht unbedingt wichtig, wie weit die Baumstammstücke an jeder Seite nach innen reichen, solange sie in der Breite positioniert sind. Das gezeigte Beispiel ist 91,5 cm lang und 14 cm breit. Bei dem hier gezeigten Regal wird der Stamm mittig (7 cm von der Längskante aus gemessen) und 22,8 cm von der kurzen Kante aus gemessen. Verwenden Sie einen Bleistift, um die Position der Schrauben für die Baumstammstücke zu markieren.

5 Legen Sie einen Holzrest auf die Arbeitsfläche und legen Sie das Regalbrett darauf. Bohren Sie an den beiden in Schritt vier markierten Stellen je ein Führungsloch vor.

6 Bohren Sie mit dem Bohraufsatz in der Größe des Schraubenkopfs ein Führungsloch in der Tiefe des Holzdübels auf beiden Seiten des Regals vor.

7 Bohren Sie ein flaches Führungsloch in die beiden Baumstammstücke, die für dieses Regalbrett verwendet werden.

Bücherregal aus Birkenstämmen

Bevor Sie weitermachen, entscheiden Sie sich für eine Methode, um die Schrauben zu verbergen. Die erste Option ist, Holzdübel zu verwenden, um die Schraubenköpfe zu verstecken. Wenn Sie keine Holzdübel kaufen möchten, ist die andere Option, ein bisschen Sägemehl aus dem Projekt aufzubewahren, einen Tropfen Klebstoff auf jede Schraube zu tupfen und das Sägemehl in das Loch zu streuen. Der springende Punkt an beiden Optionen ist, daran zu denken, dass die Schrauben versenkt werden müssen (siehe Techniken, Seite 118).

8 Beginnen Sie damit, die Schrauben mit der Hand in die Führungslöcher das Regalbretts zu stecken.

9 Halten Sie das Baumstammstück beim Eindrehen der Schraube dagegen, schrauben Sie die Schraube sowohl durch das Baumstammstück als auch durch das Regal zum Befestigen. Beim anderen Führungsloch wiederholen.

10 Denken Sie daran, die Schrauben zu versenken, damit sie unter der Oberfläche des Bretts liegen, um Raum für den Holzdübel zu lassen.

11 Verdecken Sie die Schrauben mit der Methode Ihrer Wahl (siehe Kasten oben). Hier werden Holzdübel gezeigt. Geben Sie einen Tropfen Kleber auf jeden Schraubenkopf und schieben Sie den Holzdübel in das Loch.

8

9

10

11

12 Verwenden Sie einen Gummihammer, um den Holzdübel vorsichtig hineinzuklopfen, bis er plan mit dem Regal aufliegt.

13 Als Nächstes bringen Sie das zweite Regalbrett an. Wiederholen Sie Schritt 4 und 5, um abzumessen, wo die Baumstammstücke sein sollen und bohren Sie die Führungslöcher. Bringen Sie das Brett an und folgen Sie dabei den Anleitungen aus Schritt 6–12. Wiederholen Sie den Vorgang, bis Sie die gewünschte Anzahl an Regalfächern erreicht haben.

14 Wenn Sie die gewünschte Fächeranzahl erreicht haben, bringen Sie die Möbelbeine – zwei auf jeder Seite – an. Verwenden Sie einen Bohraufsatz, der etwas dünner als die Schraube des Möbelbeins ist und bohren Sie ein Loch in etwa derselben Länge wie die Schraube.

15 Bringen Sie die Möbelbeine an. Wiederholen Sie den Vorgang an der anderen Seite.

SICHERHEIT

Für mehr Sicherheit befestigen Sie das Bücherregal mit ein paar kleinen L-förmigen Winkeln an der Wand.

12

13

14

15

Stämmiger Tisch

Versehen Sie Ihren Garten oder Ihr Wohnzimmer mit einem Hauch des Glamours aus der Mitte des vorigen Jahrhunderts, indem Sie diesen schlichten Beistelltisch gestalten. Halten Sie nach einem Stück Baumstamm in ansprechender Form und mit interessanter Zeichnung für ein Möbelstück Ausschau, das sowohl nützlich als auch ein absoluter Blickfang ist.

MATERIALIEN

Zugeschnittener Baumstamm für die Tischplatte; hier gezeigt in den Maßen 35 x 28 x 8,2 cm

3 bis 4 Haarnadel-Tischbeine, 40,5 cm hoch und mit Fußgleitern zum Anklipsen (online erhältlich)

16 Schrauben, 4 mm im Durchmesser und 3,1 cm lang

WERKZEUG

Handschleifgerät

Bohrer

TIPP

Wenn Sie frisch geschnittenes (auch „grün" genanntes) Holz verwenden, bekommen Sie eine helle Oberfläche. Verwenden Sie getrocknetes Holz, wird sie dunkler.

1 Entscheiden Sie, welche Seite des Stamms die Oberseite des Tisches sein soll und schleifen Sie sie mit einem Handschleifgerät glatt.

2 Legen Sie die geschliffene Seite der Tischplatte mit der Oberseite nach unten auf eine saubere Arbeitsfläche. Richten Sie die Beine in der gewünschten Anordnung an und befestigen Sie sie mit den Schrauben. Klippen Sie die Fußgleiter an.

1

2

© TC Bird

Lebhafter vertikaler Blumentopf

Ganz gleich, ob nun in Ihrem Garten oder unter Ihren Topfpflanzen auf Ihrem Balkon, dieser verspielt-rustikale Blumenkübel erhellt mit Sicherheit jedermanns Tag! Suchen Sie Dosen, die groß genug sind, um ihre Lieblingsblumen zu beherbergen – vielleicht hätten Sie aber auch lieber Kaskaden aus Tomaten, Kräutern oder Erdbeeren.

MATERIALIEN

3 Dosen

wasserfeste Acrylfarbe in den Farben Ihrer Wahl

4 Reststücke einer Holzpalette, je 20–25 cm lang

8 Schrauben – wir haben 4 cm lange Kreuzschlitzschrauben verwendet, aber jede 5 cm lange graue Schraube geht auch

Baumstamm, 91,5–122 cm lang und 10 cm im Durchmesser

WERKZEUG

Pinsel oder Schwämme

Tischsäge oder ein ähnliches Gerät

Bohrer mit Kreuzschlitzschrauben-Aufsatz und Bohraufsatz für Führungslöcher (0,8 mm ist gut für diese Schrauben geeignet)

Lebhafter vertikaler Blumentopf

1 Streichen Sie Ihre Dosen und lassen Sie sie trocknen (siehe Tipp unten).

2 Während die gestrichenen Dosen trocknen, machen Sie den Fuß aus den Palettenholzresten. Schneiden Sie alle vier Stücke auf dieselbe Länge zu (ca. 20–25 cm) und gestalten Sie so eine windradförmige Basis mit einer Öffnung in der Mitte, die groß genug ist, um den Stamm sicher zu halten. Bemessen Sie sie eng genug, um den Baumstamm alleine zu halten, jedoch nicht so eng, dass Sie sie nicht fester stellen können, falls notwendig.

1

2

TIPP

Wir haben die Farbe mit einem Schwamm nur grob aufgetragen, um einen Vintage-Look zu gestalten, aber für vollständige Deckung können Sie auch einen Pinsel oder Schwamm mit breiteren Strichen verwenden und mehrere Schichten auftragen.

3 Halten Sie zwei der Fußstücke zusammen und bohren Sie ein Führungsloch in die Stelle, an der das Holz die festeste Verbindung hat (siehe Seite 118). Schrauben Sie dann die Schrauben ein, um die Fußstücke aneinander zu befestigen. Wiederholen, bis alle Teile miteinander verschraubt sind.

3

4 Stecken Sie den Baumstamm in den fertiggestellten Fuß. Halten Sie ihn fest, bohren Sie Führungslöcher in jeder Seite des Fußes vor, führen Sie dann die Schrauben in jedes Loch ein und ziehen Sie sie fest, damit sie halten.

4

5 Wenn Ihr Baumstamm von allen Seiten am Fuß befestigt wurde, ist es Zeit, die Dosen anzubringen. Entscheiden Sie, an welcher Seite die Vorderseite der ersten Dose sein soll und bohren Sie ein Führungsloch durch das Metall auf der gegenüberliegenden Seite, die dann die Rückseite werden soll. Überlegen Sie, wo am Baumstamm Sie die Dose anbringen möchten, und befestigen Sie sie mit einer Schraube. Sie können ein weiteres Führungsloch vorbohren oder einfach direkt ins Holz schrauben. Mit den restlichen Dosen wiederholen.

5

Tischlampe mit Fuß aus Holzklötzen

Bringen Sie Licht in die Ecke eines Raums und stellen Sie sich das Flair teuren Handwerks zu einem Bruchteil des Preises in den Raum – gemeinsam mit der Zufriedenheit, etwas mit den eigenen Händen erschaffen zu haben! Dieser Lampenfuß besteht aus übereinandergestapelten Holzscheiben.

MATERIALIEN

Baumstammstück, 7,6–10 cm im Durchmesser und 35,5 cm lang

Lampenbausatz

Lampenschirmhalter oder Uno Lampenschirm-Adapter

Holzleim

Lampenschirm

WERKZEUG

Gehrungssäge

Lineal

Bleistift

Bohrmaschine mit Bohraufsatz in derselben Stärke wie das Lampenkabel

Holzrest oder Kork als Bohrunterlage

Spitzzange

Tischlampe mit Fuß aus Holzklötzen

1 Bringen Sie alle 2,5 cm eine Markierung am Baumstamm an. Schneiden Sie ihn mithilfe einer Gehrungssäge in 14 Scheiben (2,5 cm dick).

2 Suchen Sie die Mitte der Holzstücke, indem sie sie senkrecht und waagerecht abmessen und den Punkt markieren, an dem die Linien einander überschneiden. Mit einem Holzrest oder einem Stück Kork als Unterlage bohren Sie jeweils ein Loch durch den Mittelpunkt.

3 Suchen Sie das Holzstück aus, das die Basis der Lampe bilden soll, und bohren Sie waagerecht ein zweites Loch durch die Mitte an einer Seite; dieses sollte mit dem bereits existierenden Loch in der Mitte verbunden sein, jedoch nicht darüber hinausgehen. Es ergibt den Kabelkanal.

4 Fädeln Sie das Lampenkabel, mit dem waagerechten Loch beginnend, durch die Basis. Dann führen Sie es durch die restlichen Holzstücke. Falls notwendig, verwenden Sie einen Bleistift, um es in die Löcher zu schieben, und ziehen Sie es mit einer Spitzzange heraus.

5 Montieren Sie das Lampenkit an der Oberseite der Holzstücke gemäß der Anleitung auf der Verpackung. Positionieren Sie die Unterseite des Lampensockels in dem gebohrten Loch. Befestigen Sie die Verkabelung mithilfe eines Underwriter-Knotens (siehe Seite 121). Verbinden Sie die Verkabelung im Hauptsockel, indem Sie die Schraube lösen, das Ende des Drahts rund um die Klemme haken und die Schraube wieder festziehen. Dies an der anderen Klemme wiederholen.

6 Drücken Sie den Sockel so zusammen, dass die Verkabelung sich innen befindet. Mit einer Schraube befestigen.

7 Befestigen Sie den Sockel an dem Lampenfuß gemäß den Anweisungen auf der Verpackung.

8 Arbeiten Sie sich von der Oberseite der Lampe nach unten und kleben Sie jedes Holzstück an das nächste, bis sie die Grundfläche erreichen. Lassen Sie das Werkstück vollständig trocknen.

9 Bringen Sie den Lampenschirmhalter oder den Adapter an, damit Sie den Lampenschirm und die Glühbirne befestigen können.

5

6

7

8

9

TIPP

Silberne Birkenstämme ergeben einen eleganten weißen Lampenfuß. Sie können auch vorgeschnittene Birkenscheiben online kaufen.

Bretter

Ganz gleich, ob Sie ein Stück eines Bretts oder eine ganze Palette haben, dieses Kapitel zeigt Ihnen, wie Sie etwas Schönes daraus machen können. Sie können aus Brettern ein Schild anfertigen, ein Regal oder ein Tablett fürs Badezimmer bauen, einen Pflanzkübel herstellen oder eine Uhr gestalten. Lassen Sie das Holz für sich sprechen oder verzieren Sie Ihre Kreationen mit Schablonen (Stencils), um für den perfekten letzten Schliff zu sorgen.

Zum Strand? Hier entlang!

Ganz gleich, ob Sie den Weg zum Strand, zu Ihrem Garten oder Ihrer Küche weisen möchten – dieses Schild weist Ihren Gästen den Weg.

MATERIALIEN

1 Stück von einem Brett, ca. 10 x 20 cm

2 kleine Nägel oder Reißnägel,

1 Stück Zwirn, 35–40,5 cm

Klebstoff (optional)

Weiße Farbe

WERKZEUG

Hammer

Schaumstoffpinsel

Schablone mit „beach" und Pfeil, Größe ca. 5,7 x 15 cm (siehe Seite 122)

Wieder ablösbarer Sprühkleber oder schwach klebendes Malerkrepp

TIPP

Sie können jedes Wort oder jede Nachricht schreiben. Denken Sie nur daran, ein Holzstück zu verwenden, das lang genug für alle Buchstaben ist, die Sie benötigen!

beach

Zum Strand? Hier entlang!

1 Halten Sie das Holzstück horizontal und bringen Sie einen Nagel 1,3 cm unter der Oberkante an jeder Seite an.

2 Befestigen Sie die Enden des Zwirns jeweils an den Nägeln mit einem einfachen Überhandknoten. Sie können einen Tupfer Klebstoff auftragen, um die Knoten zu sichern.

3 Legen Sie Ihre Schablone in der gewünschten Position auf das Holzstück und befestigen Sie es mit wieder ablösbarem Sprühkleber oder Malerkrepp.

4 Tupfen Sie behutsam Farbe auf die Schablone, um die Buchstaben auszufüllen, passen Sie jedoch auf, dass nicht zu viel Farbe unter die Kanten der Buchstaben gelangt. Entfernen Sie die Schablone vorsichtig und lassen Sie die Farbe trocknen.

1

2

3

4

SCHABLONIER-METHODEN (STENCILS)

Die Arbeit mit Schablonen ist leicht, wenn man weiß, wie. Sie können entweder ein vorgefertigtes Muster (siehe Seite 122–125) verwenden oder Ihre eigene Schablone gestalten. Wenn Sie die Kunst des Schablonierens (Stencilling) erst einmal gemeistert haben, können Sie Ihren hölzernen Werkstücken ein lockeres und fröhliches Flair verleihen.

EINE EIGENE SCHABLONE GESTALTEN

Um eine maßgeschneiderte Schablone zu kreieren, zeichnen oder pausen Sie die Buchstaben, die Sie benötigen, auf ein Blatt Papier und schneiden Sie sie aus. Die untenstehende Methode garantiert, dass Ihre Buchstaben gerade und gleichmäßig werden.

- Benutzen Sie ein Lineal und einen Bleistift oder einen Stift, um eine gerade Linie auf ein Stück Pappe oder Plastik zu zeichnen. Orientieren Sie sich beim Übertragen der Buchstaben auf Pappe oder Plastik an der Hilfslinie, um sicherzugehen, dass Sie gerade werden.
- Wenn Sie mit der Position der Buchstaben zufrieden sind, benutzen Sie eine scharfe Schere, um jeden einzelnen auszuschneiden, und achten Sie auf saubere Kanten. Die Farbe wird in die Löcher aufgetragen, die Sie gemacht haben.
- Sie können Ihre Buchstaben auch mithilfe eines Textverarbeitungsprogramms eintippen und ausdrucken; skalieren Sie sie auf die Größe, die für Ihr Stück Holz passt. Zeichnen oder pausen Sie die Buchstaben ab und schneiden Sie sie, wie oben beschrieben, aus.
- Wenn Ihre Schablone fertig ist, bringen Sie sie auf Ihrem Holzstück in Position und befestigen Sie sie mit wieder ablösbarem Sprühkleber oder schwach klebendem Malerkrepp.
- Tauchen Sie die Spitze Ihres Pinsels in die Farbe und streichen Sie überschüssige Farbe auf einem Papierrest ab – es ist besser, mehrere dünne Farbschichten aufzubauen, bis die gewünschte Deckkraft erreicht ist, als zu versuchen, überschüssige Farbe zu entfernen, wenn Sie einmal zu viel erwischt haben.
- Entfernen Sie die Schablone vorsichtig, während die Farbe noch nass ist (so wird vermieden, dass die Schablone an der trockenen Farbe festklebt und das Ergebnis beim Entfernen ruiniert wird), und lassen Sie sie trocknen.

GESTANZTE SCHABLONEN

Sie erhalten diese im Bastelgeschäft oder online. Falls Sie eine Stanzmaschine fürs Scrapbooking haben, können Sie damit auch Ihre eigene Schablone gestalten.

PERFEKTE ERGEBNISSE

Um professionelle Ergebnisse zu bekommen, halten Sie den Pinsel senkrecht zum Holz und tupfen Sie die Farbe behutsam auf die Schablone, um die Buchstaben auszumalen; dabei darauf achten, dass die Ränder bedeckt sind, damit jeder Buchstabe vollständig ausgefüllt ist.

Pflanzkübel für den Garten

Stellen Sie Ihren grünen Daumen und Ihr handwerkliches Geschick mit diesem einfachen Upcycling-Pflanzkübel unter Beweis! Verwenden Sie wiederaufbereitetes Holz in verschiedenen Breiten und in unterschiedlichen Farben, damit es auch ganz bestimmt genug zum Schauen gibt.

MATERIALIEN

1 Stück Sperrholz, 2 cm dick, 30,5 cm im Quadrat

wiederaufbereitete, gestrichene Holzstücke, 30,5 cm hoch. Sie brauchen genug Holz für eine Gesamtbreite von ca. 122 cm

4 aufbereitete Holzstücke, 38 cm lang

4 zu gleichschenkeligen Dreiecken gesägte Holzstücke, je Seite 6,3 cm lang

32–36 Schrauben, 4 mm im Durchmesser und 4 cm lang

WERKZEUG

Tischsäge

Gehrungssäge

Bohrmaschine mit Bohrer in der Größe der Schrauben und Bohrer für die Entwässerungslöcher

Schraubenzieheraufsatz

Maßband

Bleistift

Pflanzkübel für den Garten

1 Legen Sie das Sperrholzquadrat auf eine glatte Oberfläche. Verbinden Sie die aufbereiteten Holzstücke mit den Kanten des Quadrats im rechten Winkel, um die Seiten des Pflanzkübels herzustellen. Dafür bohren Sie Führungslöcher durch jedes Seitenteil und in das Bodenbrett. Mit Schrauben befestigen. Wiederholen Sie diesen Vorgang, bis alle aufbereiteten Holzstücke rund um die Grundfläche angebracht sind.

2 Um die obere Ecke an jeder Seite zu befestigen, bohren Sie etwa 2,5 cm unter der Oberkante ein Führungsloch vor (dort, wo die Seiten aufeinandertreffen) und fixieren Sie sie mit einer Schraube.

3 Für den Abschluss an den Seiten sägen Sie die Enden der 38 cm langen Holzstücke mit der Gehrungssäge zurecht. Verwenden Sie einen Gehrungswinkel von 45° und sägen Sie beide Enden eines jeden Holzstücks so zu, dass die kürzere Innenkante des auf Gehrung geschnittenen Holzes 30,5 cm lang ist.

1

2

3

4 Ordnen Sie die auf Gehrung gesägten Holzstücke auf den Seitenteilen des Pflanzkübels so an, dass die Innenkante Plan auf dem Seitenteil aufliegt und die Latte leicht über die Außenkante des Pflanzkübels ragt. Zwei Führungslöcher vorbohren und mit Schrauben befestigen.

5 Bohren Sie drei große Löcher zum Entwässern in die Bodenplatte.

6 Bringen Sie mit der Unterseite nach oben ein Holzdreieck an jeder Ecke als Fuß an. Führungslöcher vorbohren und dann mit Schrauben befestigen.

4

5

6

Badewannen-tablett

Dieses handliche Tablett hält alles bereit, was sie für ein entspannendes Wannenbad benötigen, und es braucht weniger als 60 Minuten in der Herstellung! Weil es nass wird, verwenden Sie eine fäulnis-, schimmel- und wasserresistente Oberflächenversiegelung.

MATERIALIEN

4 Stücke aufbereitetes Holz, 76 cm lang

2 Stücke aufbereitetes Holz, 35,5 cm lang

wasserdichter Polyurethan-Siegellack

8 Schrauben (2 cm)

WERKZEUG

Schleifpapier

Pinsel

Zimmermannswinkel

Klemme

Bohrmaschine mit Bohraufsatz in der Größe der Schrauben

Kartonrest

Farbpinsel zum Auftragen der Versiegelung

Badewannen-tablett

1 Schleifen Sie die Kanten eines jeden Holzstücks und bürsten Sie etwaigen Staub oder Schmutz ab.

2 Setzen Sie das Tablett kopfüber zusammen. Legen Sie die vier langen Bretter Seite an Seite und verwenden Sie das Winkelmaß, um sicherzugehen, dass die Kanten korrekt ausgerichtet sind.

3 Klemmen Sie die Latten mit der Zwinge aneinander, um sie fest an Ort und Stelle zu halten. Vergewissern Sie sich mit dem Zimmermannswinkel, dass jede Ecke einen rechten Winkel bildet.

TIPP

Die vier längeren Holzlatten sollten so lang sein, dass das Holz an beiden Seiten der Badewanne 7,6 cm überstehen kann. Die beiden kleineren Stücke werden so angeordnet, dass sie ins Innere der Wanne passen, damit das Tablett beim Verwenden an seinem Platz bleibt. Messen Sie die Breite ihrer Badewanne aus, um zu überprüfen, ob die hier angegebenen Maße lang genug sind, und schneiden Sie die Latten entweder zu oder suchen Sie sich längere, falls sie zu kurz sind.

1

2

3

4 Legen Sie die beiden kürzeren Holzstücke je auf eine Seite des Tabletts, sodass sie über den langen Latten verlaufen. Denken Sie daran, sie so aufzulegen, dass sie der Länge nach innen in ihrer Badewanne verlaufen. Bohren Sie sehr flache Führungslöcher in die beiden Holzstücke – sie sollten gerade tief genug sein, um durch die erste Holzschicht hindurchzukommen.

4

5 Schrauben Sie alle Schrauben in die Führungslöcher und passen Sie dabei auf, dass alle vier Stücke fest zusammenhalten und die untenliegenden kleinen Holzstücke plan mit den oberen Latten des Tabletts abschließen.

5

6 Bürsten Sie etwaigen Staub und Schmutz von allen Oberflächen des Tabletts. Schützen Sie die Arbeitsfläche zum Schutz mit einem Kartonrest und streichen Sie das Holz mit der Versiegelung. Beginnen Sie an der Unterseite mit Fokus auf die Kanten, Enden und Lücken zwischen den Holzstücken. Vollständig trocknen lassen, bevor Sie das Tablett umdrehen und seine Oberseite streichen.

6

TIPP

Achten Sie darauf, dass Sie Schrauben verwenden, die lang genug sind, um die beiden Holzstücke zu verbinden, jedoch nicht die Oberseite des Tabletts durchbrechen.

Einfaches Palettenregal

Dieses Projekt ist ein tolles Beispiel für kreatives Upcycling! Verwandeln Sie eine Palette in ein schönes, rustikales Highlight, das sich als der perfekte Ort zum Aufbewahren eines Lieblingsbuchs oder zum Aufstellen liebevoll gehüteter Erinnerungsstücke erweist. Sie brauchen nur einen Abschnitt der Palette – oder mehrere, um ein zusammenpassendes Regal-Set zu gestalten.

MATERIALIEN

Palette

6 Schrauben, 4 mm im Durchmesser und 4 cm lang

Holzbeize

Halterung, die das Gewicht des Regals trägt

WERKZEUG

Lineal

Bleistift

Kreissäge

Hammer

Bohrmaschine mit Bohrer, der in die bestehenden Löcher des Holzes passt

Schraubaufsatz

Handschleifgerät mit Schleifpapier (Körnung 60 oder 80)

Kartonreste oder alte Zeitung

Latexhandschuhe

Lappen

Einfaches Palettenregal

1 Das Regal besteht aus einem 35,5 cm tiefen Abschnitt der Palette mit zwei Stücken des oberen Deckbretts sowie den Stützen und einer zusätzlichen Leiste, die als Stütze dient. Um den Hauptteil von der Palette zu trennen, verwenden Sie Bleistift und Lineal, um an jedem Führungsbrett eine Linie von 35,5 cm von einer langen Seite der Palette aus zu markieren. Schneiden Sie mit einer Kreissäge entlang der Linien an jeder Palettenseite.

2 Um den Mittelteil der Palette zu durchtrennen, legen Sie die Palette flach auf den Boden und sägen von oben aus, um den 35,5 cm tiefen Abschnitt der Palette abzuschneiden.

3 Nehmen Sie ein Brett der verbliebenen Palette ab, indem Sie auf die Rückseite der Nägel hämmern, um sie zu lockern. Verwenden Sie dann den Nagelheber, um das Brett abzunehmen. Entsorgen Sie die Nägel und den Rest der Palette.

1

2

3

4 Legen Sie den 35,5-cm-Abschnitt der Palette auf den Boden, sodass das Holz der oberen Deckplatte unten liegt. Legen Sie das einzelne Brett über den Palettenabschnitt, um die Rückseite des Regals zu bauen. Fixieren Sie es, indem sie die Schrauben in die Löcher der Nägel führen.

5 Mit dem Handschleifer alle Oberflächen des Holzes glattschleifen und etwaige Splitter entfernen; dabei jedoch darauf achten, das rustikale Erscheinungsbild zu bewahren.

6 Schützen Sie die Arbeitsoberfläche mit Kartonresten oder Zeitungspapier, ziehen Sie Handschuhe an und tragen Sie mit einem Lappen eine großzügige Menge Beize auf das Regal auf. Trocknen lassen.

7 Befestigen Sie die Aufhängung an der Rückseite des Rahmens. Bohren Sie Führungslöcher in den Rahmen vor und befestigen Sie die Aufhängung mit Schrauben.

TIPP

Halten Sie nach einer Aufhängung Ausschau, die für Bilder oder schwere Fotorahmen mit einer Tragkraft von 11 Kilo ausgestattet ist. Sie können eine einzelne Aufhängung in der Mitte des Regals verwenden oder je eine an jeder Seite anbringen, um das Regal noch sicherer zu gestalten. Dies ist wichtig, falls Sie planen, schwere Gegenstände in das Regal zu stellen.

Hölzerner Zeitgeber

Abgesehen davon, dass Sie immer wissen, wie spät es ist, werden Sie bei jedem Blick auf diese Uhr ein Erfolgsgefühl verspüren. Das Zifferblatt aus aufbereitetem Holz versteckt einen batteriebetriebenen Uhrmechanismus; ähnliche Bausätze sind in Bastelläden oder online erhältlich – suchen Sie sich einen aus, der zu Ihrer Deko passt.

MATERIALIEN

5 Stücke aufbereitetes Holz, 36,6 cm lang, ca. 7,6 cm breit

2 Holzstücke, 30,5 cm lang, 1,3 cm dick

Uhrenbausatz

10 Schrauben, 2 cm

WERKZEUG

Bohrer

Bohraufsatz in der Größe der Schrauben

Bohraufsatz in der Größe des Uhrenbeschlags

Teller oder ähnlicher Gegenstand als Schablone, 33 cm im Durchmesser

Bleistift

Stichsäge

Handschleifgerät

Hölzerner Zeitgeber

1 Legen Sie die fünf aufbereiteten Holzstücke so auf eine flache Oberfläche, dass sie in einer Linie liegen und mit der Vorderseite nach unten zeigen. Legen Sie eine der Halteleisten an jedem Ende so auf die Holzleisten, dass sie im rechten Winkel zu Ihnen und etwa 7,6 cm von den Enden entfernt liegen. Bohren Sie je fünf Führungslöcher in jede Halteleiste, um jedes aufbereitete Brett an beiden Halteleisten zu befestigen. Passen Sie auf, dass Sie nicht durch das Zifferblatt hindurchbohren. Drehen Sie die Schrauben ein, um das Zifferblatt an den Halteleisten zu befestigen.

2 Drehen Sie das verschraubte Holz um. Zeichnen Sie für das Zifferblatt mithilfe eines Bleistifts und eines großen Tellers oder eines ähnlichen Gegenstands einen Kreis (33 cm im Durchmesser) auf das Holz. Mit einer Stichsäge entlang der markierten Linie schneiden.

3 Mit einem Handschleifgerät die Schnittkanten des Holzes glätten.

1

2

3

4 Suchen Sie die Mitte des Ziffernblatts, indem Sie es horizontal und vertikal vermessen und den Punkt, an dem die Linien einander überschneiden, markieren. Bohren Sie ein Loch in derselben Größe wie die Beschläge des Uhrenbausatzes in diesen Mittelpunkt.

5 Führen Sie den Uhrmechanismus durch das Loch ein und schrauben Sie ihn an dieser Stelle fest. Folgen Sie den Anleitungen auf der Verpackung und bringen Sie die untenliegende Beilagscheibe, die kleine Sicherungsmutter, den Stundenzeiger, den Minutenzeiger, die Sicherungsmutter und den Sekundenzeiger an.

4

5

TIPP

Die beiden 30,6 cm langen Holzstücke sollen das Zifferblatt halten. Sie müssen so dick sein, dass sie den Uhrenbausatz tragen und die fertige Uhr gerade an der Wand hängt. Für den Bausatz, den wir hier verwendet haben, war das Holz 1,3 cm dick, überprüfen Sie jedoch Ihren Bausatz, bevor Sie das Holz aussuchen.

Techniken

Einige der Techniken, die zum Bearbeiten von Fundholz angewandt werden, funktionieren gleich wie für jede andere Holzart. In diesem Abschnitt erfahren Sie sowohl, was für Werkzeug Sie benötigen und wie es gehandhabt wird, als auch, wie Sie einige praktische Knoten binden können. Die wahre Freude, die der Arbeit mit gefundenem Holz innewohnt, ist das Finden. Wir verraten Ihnen, wo Sie suchen und wonach Sie Ausschau halten sollten.

Wahl und Verwendung von gefundenem Holz

Treibholz (Schwemmholz)

Gebleicht und schön, glatt und seidig – Treibholz ist eines meiner Lieblingsmaterialien. Es macht seinem Namen alle Ehre, hat es doch seine Zeit im Wasser treibend, gleitend und von Flussschnellen oder Wellen des Ozeans (oder manchmal auch beidem) herumgewirbelt verbracht. Das Holz kann am Ufer eines Flusses oder an einem Strand angeschwemmt werden, um dort zu bleichen und auszutrocknen, nur um dann wieder aufgewirbelt und auf eine weitere Reise von den hohen Wellen und dem Strom des Flusses mitgenommen zu werden. Könnte uns dieses Holz doch nur von seiner Reise erzählen! Treibholz kann aus hochliegenden Gebirgswäldern stammen, es könnte Teil eines Boots sein, das auf See untergegangen ist (beachten Sie, dass es formaljuristisch illegal ist, es dann zu bergen), oder auch von einem Pier stammen, der unter der Kraft der Strömung nachgegeben hat. Treibholz, das in allen Formen und Größen auftaucht, sieht großartig aus – ins Wasser geworfen, gealtert und von der Sonne ausgebleicht. Seine natürlich abgerundeten Kanten und der helle, grauweiße Farbton verleihen ihm ein zeitloses Aussehen.

Wahl und Verwendung von gefundenem Holz

WO SUCHEN?

Da Holz durch das Treiben in der Brandung oder in der eilig fließenden Strömung vom Wasser geformt wird, sind Strände die besten Orte zum Auffinden von Schwemmholz. Doch nicht jeder Strand bringt Schätze zum Vorschein. Die besten Orte, um Treibholz zu finden – so Sie die Einverständniserklärung des Landbesitzers haben – liegen an Flussmündungen, 1,5 bis 3,5 Kilometer landeinwärts, oder an Stränden mit starker Strömung. In einer ruhigen Bucht wird man weniger wahrscheinlich fündig. Suchen Sie nach einem natürlich fließenden Fluss, der nicht aufgestaut worden ist und das ganze Jahr über Wasser führt. Holz aus wilden und naturbelassenen Flüssen stammt von abgebrochenen Bäumen und Zweigen. Vermeiden Sie Flüsse, die von Häusern verbaut sind und sich in den Ausläufern von Ballungsgebieten befinden. Sie liefern kaum Treibholz. Wenn Menschen nahe an einem Fluss leben, wollen sie ihn kontrollieren und zähmen, um ihn nutzen zu können, wodurch jedoch die natürliche Kraft des Wassers verloren geht, Holz flussabwärts zu befördern.

Die Strände in Nordkalifornien, Oregon und dem US-Bundesstaat Washington sind meine Jagdreviere, die mir beim Sammeln Glück bringen. Das sind unglaubliche Orte, um Treibholz zu finden, von kleinen Stücken, die in die Jackentasche passen, bis hin zu gigantischen Baumstämmen und Ästen, die man nur zu zweit oder mehr davontragen kann. Sie werden von schnellfließenden Flüssen mit dichten Wäldern, die direkt am Ufer wachsen, zum Pazifischen Ozean gebracht. Seine Strömungen sind sehr stark und viele Strände sind übersät von natürlich gealtertem und angetriebenem Schwemmholz.

WONACH SUCHEN?

Wenn Sie Ihr Treibholz aussuchen, läuft alles tatsächlich auf Ihren Geschmack hinaus – und darauf, was verfügbar ist. Wenn Sie aus einer Fülle an Holz schöpfen können, können Sie wählerischer sein. Andernfalls begnügen Sie sich mit dem, was Sie finden. Wir lieben Holz, das natürlich verschlissen, von den Elementen geschliffen und von der Sonne gebleicht ist. Wenn auf einem Strand viel Holz liegt, suchen Sie über der Flutlinie. Hier finden Sie das Holz, das bereits am längsten am Strand liegt, vielleicht angetrieben von einer Sturmflut oder einer besonders hohen Tide und zum Ausbleichen und Altern liegengelassen. Nehmen Sie sich Zeit: Die Suche nach dem richtigen Stück Treibholz macht ebenso viel Spaß wie die Freude, wenn Sie es finden!

DAS TREIBHOLZ VORBEREITEN

Ich trockne das Holz nur gründlich ab und bürste losen Sand oder Verschmutzungen mit einer weichen Bürste von der Oberfläche ab. Allerdings legen einige Menschen das Holz in Süßwasser, um das Salzwasser zu entfernen. Passen Sie jedoch auf, nicht zu stark zu bürsten oder zu reinigen, da Sie sonst die Patina, die die Natur dem Holz mitgegeben hat, verlieren und das Holz zerkratzen könnten, falls es weich oder nass ist. Bei kleineren Treibholzstücken hellt ein Einweichen in Bleiche und Wasser das Holz auf und tötet etwaige Insekten ab. Stellen Sie eine Mischung zum Einlegen aus 500 ml Bleiche auf 4,5 Liter Wasser her. Legen Sie das Holz in einen Eimer und gießen Sie genug von der Mischung hinzu, um es zu bedecken. Sollten die Stücke schwimmen, beschweren Sie sie mit einem flachen Stein. Fünf Tage lang so stehen lassen und das Bleichewasser täglich auswechseln. Abtropfen und natürlich trocknen lassen.

Baumstämme

Wenn Sie keine Genehmigung des Landbesitzers haben, suchen Sie nach Baumstämmen an schwer erreichbaren Stellen, etwa dort, wo sie zwischen großen Steinen oder Felsbrocken eingeklemmt, an einem Flussufer oder am Waldesrand zu finden sind. Sie können Baumstämme auch kaufen (siehe Seite 126). Gekaufte Stämme sind hitzebehandelt und bringen so den Vorteil mit sich, dass sie insektenfrei sind. Wenn Sie jemanden kennen, der gerade Bäume umgeschnitten hat, bitten Sie um entsprechende Holzstücke.

Verwenden Sie lieber Hartholz, wie etwa Esche, Birke, Buche, Kirsche, Ulme, Ahorn oder Eiche, statt Weichholz, wie Kiefer oder Fichte. Der Stamm sollte sich schwer anfühlen. Wählen Sie massive Stücke, die frei von Verfall sind. Um zu überprüfen, dass das Holz geeignet ist, werfen Sie es auf einen Stein – gibt es einen dumpfen Aufschlag, ist es verrottet. Verschwenden Sie Ihre Zeit nicht damit!

Entfernen Sie Staub und Verschmutzungen mit einer weichen Bürste und sprühen Sie es dann mit einem Insektizid (siehe unten) ein. Falls es verrottete Stellen gibt, schneiden Sie sie aus.

ÜBLICHE HARTHÖLZER IN EUROPA

- Ahorn: Gattung *Acer*
- Bergahorn: Gattung *Platanus*
- Birke: Gattung *Betula*
- Buche: Gattung *Fagus*
- Eibe: Gattung *Taxus*
- Eiche: Gattung *Quercus*
- Esche: Gattung *Fraxinus*
- Kirsche: Gattung *Prunus*
- Lärche: Gattung *Larix*
- Pappel: Gattung *Populus*
- Roterle: Gattung *Alnus*
- Stechpalme: Gattung *Ilex*
- Ulme: Gattung *Ulmus*
- Walnuss: Gattung *Juglans*
- Weide: Gattung *Salix*
- Zeder: Gattung *Cedrus*

DAS HOLZ SCHÄDLINGSFREI BEKOMMEN

Gefundenes Holz könnte schon jemandes Zuhause gewesen sein, bevor Sie es in Ihr eigenes gebracht haben! Um zu vermeiden, dass Sie Krabbeltierchen mit nach drinnen nehmen, können Sie das Holz mit einem Insektenschutzmittel behandeln. Vermischen Sie das Insektizid mit Wasser in einer Sprühflasche. Legen Sie das Holz, draußen auf eine Zeitung oder eine Pappe, um zu vermeiden, dass das Insektenschutzmittel auf Oberflächen gelangt. Besprühen Sie jedes Holzstück gründlich mit dem Schädlingsbekämpfungsmittel und lassen Sie es auf natürliche Weise trocknen – bei großen Stücken kann das einige Tage dauern. Alternativ können Sie das Holz 1–1,5 Stunden im Backofen bei 70 °C behandeln.

Zweige und Äste

Heruntergefallene Äste und Zweige können Sie in Ihrem eigenen Garten oder in öffentlichen Waldgebieten finden. Achten Sie darauf, nur heruntergefallene Zweige oder Äste mitzunehmen; schneiden Sie sie nicht von lebenden Bäumen ab (außer es sind Ihre, versteht sich). Achten Sie darauf, kein Privateigentum unbefugt zu betreten und überprüfen Sie die Gesetzeslage, die sich mit der Entnahme von Holz aus öffentlichen Wäldern befasst (siehe Seite 113).

Halten Sie Ausschau nach interessanten Formen oder Farben. Ich habe immer ein Auge auf Zweige von weniger landläufigen Bäumen und auf knorrige Wurzeln mit Charakter. Heben Sie Holz auf, das die richtige Größe für Ihr Projekt hat. Auch kleine Zweige können Verwendung finden, etwa für die Zweigvase (siehe Seite 10), während ein paar Äste auch in Form der rustikalen Garderobe (siehe Seite 32) zum Hingucker für Ihren Eingangsbereich werden können.

Ich merke immer wieder, dass Mutter Natur für gewöhnlich schon die meiste Reinigungsarbeit erledigt hat, also reinige ich das Holz nur stellenweise mit einer Bürste, falls notwendig. Sollten Ihre Fundstücke jedoch schlammig oder schmutzig sein, müssen Sie sie mit Wasser abspülen und mit einer Drahtbürste schrubben. Ist der Schlamm getrocknet, weichen Sie das Holz ein, bis die Verschmutzungen weich genug sind, dass sie sich leicht entfernen lassen. Schrubben Sie nicht so stark, dass Sie die Rinde entfernen. Lassen Sie das Holz auf natürliche Weise in einem gut belüfteten Raum trocknen.

Bretter

Alte Bretter finden Sie fast überall; vielleicht haben Sie sogar welche in Ihrer Garage. Wenn Sie nach Treibholz suchen, können Sie auch über vom Meer ausgewaschene Bretter stolpern. Sie können auch alte Paletten und Kisten auseinandernehmen; halten Sie auf Flohmärkten danach Ausschau!

Wenn Sie ein verwittertes Aussehen wünschen, suchen Sie nach Holz, das den Elementen ausgesetzt war, etwa Treibholz, verwitterten Kisten oder Paletten, zusammengefallenen Hütten oder Gartenlauben und alten Türen.

Achten Sie darauf, keine fremden Grundstücke zu betreten und nichts zu nehmen, ohne den Eigentümer um Erlaubnis zu fragen.

In alten Brettern können Nägel stecken. Entfernen Sie diese zuerst. Verwenden Sie dann eine Bürste, um Staub und Verschmutzungen zu entfernen. Bretter sind oft gestrichen. Ich liebe den Anblick von verwitterter Farbe und entferne nur lose oder abgeplatzte Stellen. Denken Sie daran, eine Schutzmaske zu tragen und die spröde Farbe sachgemäß zu entsorgen, da diese Blei enthalten kann.

Wie bei jedem Stück Fundholz können sich auch hier Insekten breitgemacht haben, weshalb das Holz womöglich behandelt werden muss (siehe Seite 111), bevor Sie es nach drinnen bringen.

BLEIBEN SIE AUF DER RICHTIGEN SEITE DES GESETZES

Wenn Sie sich nicht auf Ihrem eigenen Grund oder auf dem von jemandem befinden, der Ihnen erlaubt hat, Holz zu sammeln, müssen Sie die örtlich bzw. national geltenden Gesetze beachten. Die einzelnen Länder, ja sogar einzelne Bundesländer, haben unterschiedliche Regeln.

Generell ist zu sagen, dass jeder Wald – und damit das Holz darin – jemandem gehört. In Deutschland dürfen Sie am Boden liegende Äste, Rinde und Holz in Wäldern, die in staatlichem Besitz sind, in geringen Mengen zum Eigengebrauch sammeln. Dieses Holz nennt man auch Leseholz, Raffholz oder Klaubholz.

Prinzipiell ist in Österreich das Sammeln von Holz im Wald ohne Zustimmung des Waldeigentümers verboten, unabhängig davon, ob es sich dabei um ganze Bäume, abgeschnittenes Holz oder abgefallene Äste handelt. Auf der sicheren Seite sind Sie, wenn Sie den Eigentümer des Waldes immer um die Genehmigung fragen, bevor Sie irgendetwas mitnehmen.

TREIBHOLZ SAMMELN

Denken Sie daran, das Holz auf lebende Organismen, etwa Krabben, die es als Behausung nutzen, zu überprüfen. Halten Sie auch nach nistenden Vögeln Ausschau. Wenn sie nicht nahe eines passenden Strandes oder Flussufers leben, können Sie Treibholz auch online kaufen (siehe Seite 126).

HOLZ SAMMELN

Es ist unwahrscheinlich, dass Sie Ärger bekommen, wenn Sie die paar Zweiglein aufheben, die Sie für die Zweigvase (siehe Seite 10) benötigen, aber große Holzscheite und Äste zu entnehmen, kann eine ganz andere Frage sein und da sollte eine Genehmigung vom Grundeigentümer vorliegen. In Großbritannien fand die in der Magna Carta festgeschriebene „Holzgerechtigkeit" im Jahr 2000 ihr Ende. Allerdings erlauben einige wenige Orte immer noch die Suche nach Holz in kleinem Rahmen. So erlaubt eine alte Gemeindeverordnung in Epping Forest in Essex beispielsweise, dass Besucher bis zu 12 kg Holz entnehmen dürfen. Der Forstausschuss, der viele Wälder besitzt, gibt Genehmigungen für die Entfernung von Totholz in manchen Gebieten aus. Erkundigen Sie sich, ob es auch in Ihrer Nähe entsprechende Vereinbarungen mit Waldbesitzern gibt!

VERBREITEN SIE KEINE KRANKHEITEN

In den letzten Jahren wurde das Risiko der Verbreitung von Insektenbefall durch das Verbringen von Feuerholz über längere Distanzen besser bekannt. Wenn Sie Holz für Ihre Projekte sammeln, sollten Sie dieses am besten innerhalb von 10 Meilen (16 km) rund um Ihren Wohnort finden. Holz, dass bei einer Temperatur von 70 °C mindestens 75 Minuten gedarrt (getrocknet) wurde, ist sicher. Wenn Sie online kaufen, vergewissern Sie sich, dass Sie gedarrtes Holz kaufen.

© omgimages/iStock

Werkzeug und Ausrüstung

DAS NOTWENDIGSTE

- Schleifpapier (Körnung 100–180), Klebstoff, Schrauben und/oder Nägel, Schraubenzieher (Kreuz- und Schlitzschraubenzieher), Zimmermannswinkel, Hammer, Handsäge, Holzfeile, Pinsel, Klemmen.

WERKZEUG FÜR FORTGESCHRITTENE

- Bohrmaschine, Gehrungssäge, Tischsäge, Exzenterschleifer, Hobel, Kreissäge.

SICHERHEITSAUSRÜSTUNG

- Plastik-/Gummihandschuhe
- Schutzbrille
- Staubschutzmaske

DIE RICHTIGE PFLEGE FÜR IHR WERKZEUG

- Im Innenraum fern des Einflusses der Elemente aufbewahren, regelmäßig reinigen, bewegliche Teile entsprechend den Anweisungen des Herstellers schmieren, Klingen nach Bedarf auswechseln.

HANDWERKZEUG VS. ELEKTRISCHES WERKZEUG

- Handwerkzeug kann für den letzten Schliff Ihres Werkstücks unverzichtbar sein. Mit der Hand zu schleifen, eine Schraube in einen kleinen Zwischenraum zu drehen oder einen schützenden Lack aufzutragen, sind oft Dinge, die nur in Handarbeit erledigt werden können. Elektrisches Werkzeug ist dennoch unabdingbar, um Holz zu schneiden und dabei Zeit und Energie zu sparen.

SICHERHEIT

Tragen Sie immer eine Maske und schützen Sie Ihre Augen, während Sie mit Holz, Farben, Beizen und anderen Oberflächenbehandlungen arbeiten, und achten Sie darauf, jeglichen Sicherheitshinweisen auf den Plaketten Folge zu leisten. Verwenden Sie kein elektrisches Werkzeug ohne entsprechende Einschulung.

HANDHOBEL

Ein Hobel ist großartig, um Oberflächen anzugleichen. Das Kleiderhaken-Trio (siehe Seite 24) bedient sich des Hobels, um eine flache Oberfläche für die Wandmontage auszuarbeiten. Dennoch gehört der Hobel nicht zu den Werkzeugen, die Sie für jedes Projekt brauchen, weshalb er eher ein Luxusgut als ein Must-have ist. Wenn Sie mit dem Hobel arbeiten, achten Sie darauf, beide Hände korrekt in Position zu bringen, um gleichmäßigen Druck auszuüben. Drücken Sie nicht zu fest auf die Oberfläche, die gerade angeglichen wird – lassen Sie das Werkzeug die Arbeit erledigen. Beginnen Sie an einem Ende der Oberfläche, die angeglichen werden soll, und bewegen Sie den Hobel langsam und mit Methode ans andere Ende. Seien Sie konsequent dabei, die Bewegung nur in eine Richtung auszuführen. Arbeiten Sie, wie auch beim Schleifen, in Maserungsrichtung, indem Sie der Richtung der langen Maserung folgen.

WERKZEUG	WOFÜR WIRD ES VERWENDET?	WARUM SIE ES HABEN SOLLTEN
Tischsäge	Gerade Schnitte von großen Hölzern	Unabdingbar bei großen Schnitten
Gehrungssäge	Winkel und Endzuschnitte	Für Gehrungsschnitte
Kreissäge	Schnelles, gerades Zuschneiden	Vielseitig und wendig
Hobel	Angleichen unebener Oberflächen	Für eine professionelle Schlussbearbeitung
Bohrmaschine mit Bohraufsätzen	Solide Verbindungen und zum Befestigen von Holzstücken mit Schrauben und Stiften	Spart Zeit und Mühe
Exzenterschleifer	Arbeiten an Nivellierung und Schlussbearbeitung	Für eine professionelle Schlussbearbeitung
Maßband	Messen	Für Genauigkeit
Kreuzschlitzschraubenzieher	Zum Einschrauben von Kreuzschlitzschrauben	Kreuzschlitzschrauben sind am häufigsten
Schere	Zuschneiden von Seil und Schnur	Unerlässlich
Pinsel	Zum Auftragen von Lacken	Unerlässlich
Klemmen	Zum Zusammenhalten von Holzstücken, während der Holzklebstoff trocknet	Zum Befestigen von Verbindungen

Messen und Sägen

MESSTECHNIKEN

Ein altes Sprichwort besagt: „Zweimal messen – einmal schneiden!“ In anderen Worten: Vermeiden Sie Fehler, indem Sie Ihre Abmessungen zwei- oder dreimal überprüfen, bevor Sie Ihre Materialien zuschneiden. Wenn Sie für einen Schnitt messen, denken Sie daran, dass der Schnitt außerhalb der Messung durchgeführt werden sollte (an der Seite, die sie nicht verwenden werden). Wenn Sie direkt auf der Linie schneiden, vermindert das Sägeblatt die Maße, wodurch diese kürzer als gewünscht werden.

Ein Stopper an der Vorderseite des Maßbandes erlaubt Ihnen, das Maßband bei einer bestimmten Länge zu verriegeln. Markieren Sie Ihre Maße immer mit Bleistift, damit Sie etwaige Fehlmessungen ausradieren können, wenn die Arbeit erledigt ist.

Ein Winkelmesser ist ein tolles Werkzeug. Verwenden Sie ihn, um Ecken und rechte Winkel schnell und genau auszumessen. Typischerweise hat eine Seite einen erhöhten Rand, der gegen die Kante eines Holzstücks gehalten werden kann, damit die Messung genauer wird.

SÄGETECHNIKEN

Tragen Sie immer eine Schutzbrille, wenn Sie elektrisches Werkzeug verwenden. Um sich nicht in der Maschine zu verheddern, tragen Sie keine losen Schals, Schmuck, Handschuhe oder Gürtel.

Wenn Sie eine Handsäge verwenden, achten Sie darauf, dass Ihre Haltehand klar außerhalb der Schnittlinie und der Bewegung des Sägeblattes liegt. Arbeiten Sie langsam und halten Sie das Sägeblatt auf der Linie. Die Schneidebewegung ist die Abwärtsbewegung, in der Sie Druck auf die Säge und das Holz bringen; die Aufwärtsbewegung bringt die Säge zurück in die Schnittposition.

Wenn Sie eine Tisch- oder Kreissäge verwenden, denken Sie daran, dass sich das Sägeblatt mit hoher Geschwindigkeit bewegt, sich verfangen und für Verletzungen sorgen kann, wenn Sie versuchen, es mit Kraftanwendung durch das Holz zu drücken. Haben Sie Geduld und lassen Sie das Sägeblatt seine Arbeit tun. Eine Kreissäge durch Hartholz zu pressen oder Hartholz durch eine Tischsäge zu zwingen, kann zu ungenauen Schnitten führen und Verletzungen verursachen.

Bohren und Verbinden

VERBINDUNGEN

Bei der Arbeit mit Treibholz hat man selten flache Stücke vor sich, die einfach miteinander verleimt werden können (siehe Seite 119), weshalb man manchmal kreativ werden muss. Können Sie zum Verleimen keinen Druck mit einer Zwinge ausüben, versuchen Sie es mit einem schweren Gegenstand, wie einem Ziegel oder einem Stein. Wenn das nicht funktioniert, benutzen Sie Panzertape. Sie können dieses vorsichtig entfernen, wenn der Leim getrocknet ist. Ziel ist es, Druck auszuüben, um die bestmögliche Verbindung herzustellen. Verwenden Sie bei flachen, geraden Stücken mit großer Kontaktfläche Zwingen. Holzzwingen gibt es in verschiedenen Größen für alle möglichen Projekte, von klein bis groß. Wenn Sie die Teile mit einer Schraube verbinden, halten oder klemmen Sie sie zusammen und bohren Sie dann ein Führungsloch, für das Sie einen Bohrer benutzen, der eine Größe kleiner als die Schraube ist (siehe unten). Führen Sie die Schraube in das Führungsloch ein, während das Holz noch zusammengeklemmt ist, und entfernen Sie dann erst die Klemmen.

BOHRTECHNIKEN

Wenn Sie Holzstücke miteinander verschrauben, sollten Sie zuerst ein Führungsloch vorbohren. Das ist ein kleines Loch als Orientierungshilfe an der Stelle, an der Sie Ihre Schraube anbringen wollen. Eine Vorbohrung sorgt dafür, dass die Schraube sich dahin bewegt, wo Sie sie gerne hätten, und hilft zu vermeiden, dass das Holz splittert. Schrauben Sie eine Schraube ohne Vorbohren in das Holz, bricht und zerteilt es sich. Beachten Sie, dass der Bohraufsatz für ein Führungsloch kleiner sein muss als der Schraubendurchmesser. Ist der Aufsatz zu groß, findet die Schraube keinen festen Halt im Inneren des Holzes und Ihre Verbindung wird nicht sicher. Ist der Bohraufsatz zu klein, kann sich die Schraube schwierig hineindrehen lassen und das Holz splittern. Halten Sie den Bohraufsatz vor dem Bohren an das Holz und betrachten Sie den Winkel des Bohrers von oben und von den Seiten. Sie können auch ein Winkelmaß verwenden, um eine gute Arbeitstechnik zu gewährleisten.

Für ein ordentliches Ergebnis müssen Sie Ihre Schrauben versenken (ausreiben). Beim Ausreiben eines Lochs erzeugen Sie grundsätzlich einen Krater für den Schraubenkopf, damit dieser plan mit der Oberfläche liegt. Verwenden Sie nach dem Vorbohren einen größeren Bohrer (entsprechend dem Durchmesser Ihres Schraubenkopfes) und bohren Sie vorsichtig die Spitze des Führungslochs mit dem größeren Bohraufsatz an, jedoch nur etwa 1,5 mm tief – gerade genug, dass der Schraubenkopf in dem Loch und plan mit der Oberfläche zu liegen kommt. Am Ende sollten Sie ein Glas Wasser über das Schraubenloch schieben können, ohne Kante oder Unterbrechung! Schrauben zu versenken, ist nur an der Oberseite eines Projekts wichtig. Es ist an der Unterseite oder in den Haltebereichen eines Projekts nicht notwendig.

Oberflächenbehandlung und Leimen

LACKIERTECHNIKEN

Schleifen Sie das Holz mit Schleifpapier (Körnung 400) zum Vorbereiten „mit der Maserung“, also in Maserungsrichtung.

Die optimale Temperatur zum Auftragen eines Lacks beträgt 13 bis 26,5 °C. Wenn Sie einen Lack draußen auftragen, tun sie dies an einem möglichst windstillen Tag. Staub und Schmutz können am Lack haften bleiben, während er trocknet. Sorgen Sie beim Lackieren im Innenraum für gute Belüftung!

Bis auf Beize versiegeln alle Oberflächenbehandlungen das Holz, sei dies Farbe, Lack, PU-Lack, Bienenwachs oder Lasur. Sie alle können mit einem Pinsel aufgetragen werden oder, im Falle von Bienenwachs, mit feiner Stahlwolle. Sparen Sie hier nicht bei der Qualität: Je besser der Pinsel, umso glatter das Endergebnis. Die meisten Lackierungen benötigen zwei Schichten. Wenn Sie das natürliche Aussehen von Holz mögen, aber möchten, dass es strapazierfähiger wird, verwenden Sie Lack oder Polyurethanlack. Lack ist eine Allwetterbehandlung für den Gebrauch im Freien und Polyurethanlack ist für Innenräume gedacht.

Von links nach rechts: Farbe, Polyurethanlack, Bienenwachs

LEIM UND KLEBSTOFF

Reinigen Sie die Oberfläche so gut wie möglich, wenn Sie Holz kleben. Vielleicht brauchen Sie eine grobe Drahtbürste, um alle Verschmutzungen abzubürsten; arbeiten Sie mit Weichholz, verwenden Sie eine sanftere Bürste, ähnlich einer Spülbürste. Eine alte Zahnbürste ist gut geeignet, um kleine Holzstücke zu reinigen oder kleine Winkel und Spalten zu erreichen.

Ist die Oberfläche weitestgehend schmutzfrei, überlegen Sie, wie viel Leim Sie benötigen. Reparieren Sie ein zerbrochenes Stück Holz? Wenn ja, verwenden Sie eine großzügige Menge Holzleim, klemmen das Stück mit Zwingen fest zusammen, bis es getrocknet ist, und wischen etwaige Leimüberschüsse ab. Befestigen Sie eine einzelne Muschel an einem Stück Holz? Dann verwenden Sie einen Allzweckkleber, den Sie auf die kleine Stelle tupfen, und halten Sie für überschüssigen Kleber einen Wattebausch oder einen Lappen parat.

Die richtige Kleberwahl hängt von ihrem Ziel ab. Wenn Sie Holz reparieren oder eine Arbeit vornehmen, die nicht lebenswichtig für die strukturelle Integrität des Projekts ist, eignet sich Holzleim. Benötigen Sie stabileren Halt, sollten Sie einen stärkeren Allzweckkleber verwenden.

Knoten

EINEN ÜBERHANDKNOTEN BINDEN

Bei einfachen Projekten ist manchmal alles, was Sie brauchen, ein Überhandknoten! Um so einen Knoten zu binden, legen Sie eine Schlinge, stecken ein Seilende in die Schlinge und ziehen dann beide Enden in entgegengesetzte Richtungen.

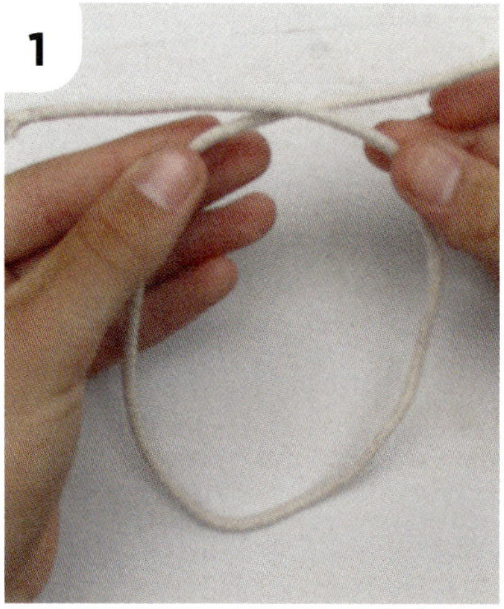

EINEN DOPPELTEN ÜBERHANDKNOTEN BINDEN

Manchmal ist ein festerer Knoten gefragt und in diesem Fall können Sie einen doppelten Überhandknoten verwenden – er ist wie der einfache Überhandknoten, nur mit einer weiteren Schlinge! Um einen doppelten Überhandknoten zu binden, legen Sie eine Schlinge und stecken ein Seilende in diese Schlinge (Schritt 1 und 2). Bevor Sie beide Enden festziehen, stecken Sie dasselbe Seilende erneut in die Schlinge (3). Ziehen Sie nun vorsichtig beide Enden des Seils fest (4), um den doppelten Überhandknoten fertigzustellen (5).

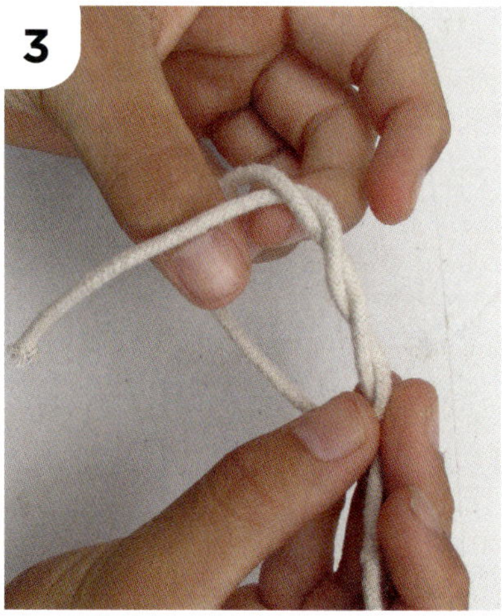

UNDERWRITER-KNOTEN (ELEKTRIKERKNOTEN)

Für Projekte, die eine elektrische Verkabelung beinhalten, ist der Underwriter-Knoten oder Elektrikerknoten am besten geeignet. Um einen solchen Knoten zu binden, teilen Sie zuerst die zwei Drähte. (Wir haben ein Stück Schnur verwendet, um zu zeigen, wie dieser Knoten geknüpft wird.) Die beiden Drähte parallel zueinander auflegen (1). Mit dem ersten Draht eine Schlinge bilden, sodass das gebogene Ende hinter der Schnur vorbeiführt (2), dann mit dem anderen Draht eine Schlinge legen, sodass das gebogene Ende vor der Schnur entlangführt (3). Sie sollten nun zwei Schlingen haben, eine mit dem Ende hinten und eine mit dem Ende vorne. Führen Sie das lose Ende jedes Drahts durch die Schlinge des jeweils gegenüberliegenden Drahts (4) und ziehen Sie die beiden Enden in entgegengesetzte Richtungen (5).

1

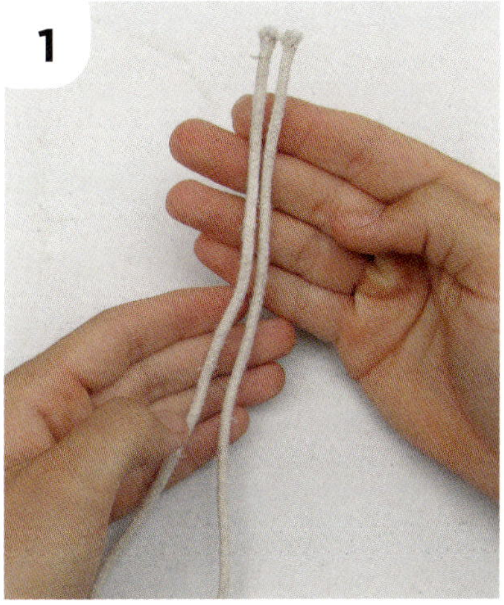

2

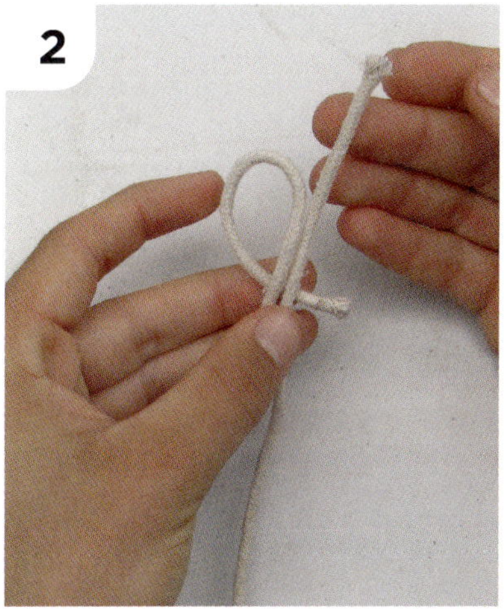

3

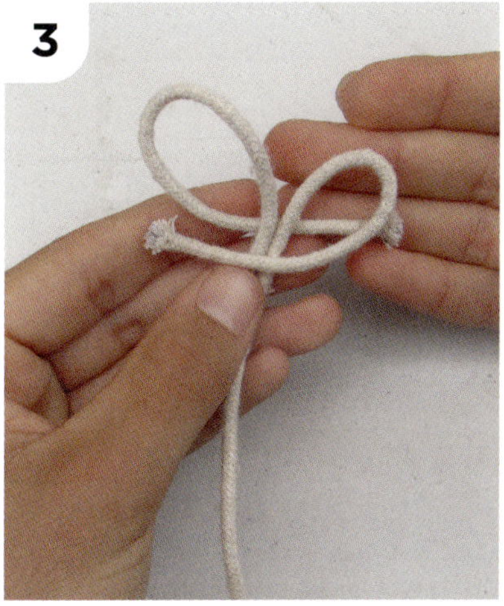

4

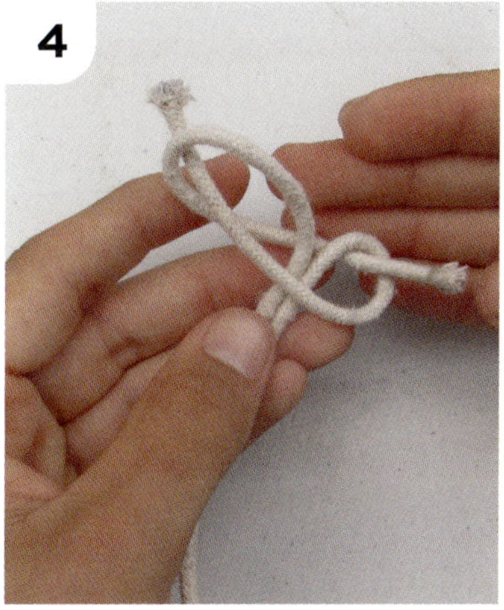

5

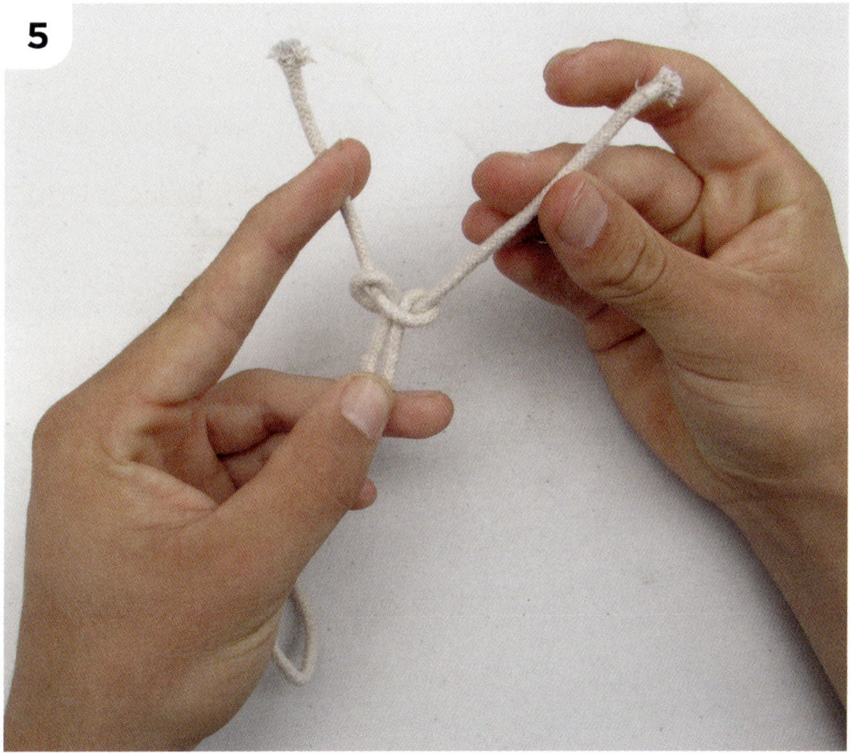

Schablonen (Stencils)

Das Schild „Zum Strand? Hier entlang!“ (siehe Seite 86) ist das einzige Schablonenprojekt in diesem Buch, aber Schablonen können vielen anderen Werkstücke aus Holz als Hingucker dienen. Am leichtesten klappt das auf einer geraden Oberfläche, weshalb die Projekte im Kapitel über Bretter am besten geeignet sind. Sie können beispielsweise Ziffern auf den Hölzernen Zeitgeber (siehe Seite 76) mithilfe von Schablonen auftragen oder den Lebhaften Blumenständer (siehe Seite 76) mit einer Reihe von Sonnen verzieren.

Wenn Sie erst einmal ihr erstes Stencil-Schild angefertigt haben, werden Sie bestimmt noch mehr machen wollen. Als Hochzeitsgeschenk schablonieren Sie die Namen des glücklichen Paars auf ein Schild; als Einstandsgeschenk ist das Wort „Home“ einfach und elegant. Mit mehr Zeit (und einem größeren Brett) können Sie Zitate und Sätze übertragen, die eine schöne Bereicherung für Ihr Zuhause und sinnvolle Geschenke für Freunde und Verwandte darstellen.

Genaue Anleitungen über das Arbeiten mit Schablonen finden Sie auf Seite 89. Folgen Sie Ihnen, um Ihrer Kreativität freien Lauf zu lassen.

abcdef

ghijklm

nopqrst

uvwxyz

ABCDEFG
HIJKLMN
OPQRST
UVWXYZ

01234 →

56789!?

Bezugsquellen

FARBEN UND PINSEL

Gerstaeker
www.gerstaecker.at
boesner Künstlerbedarf
www.boesner.at
Buttinette
www.buttinette.at
Zgonc
www.zgonc.at
Holzprofi Austria
www.holzprofi.com
Feine Werkzeuge Dieter Schmid
www.feinewerkzeuge.de

HOLZ UND WERKZEUG

Woodys Treibholz
www.woodystreibholz.at
Armin Niggl
www.treibholz-driftwood-shop.de
Schwemmholzer
www.schwemmholzer.ch
tischlereicenter.eu
www.tischlereicenter.eu

MUSCHELN

buttinette
www.buttinette.de
mare-me
www.mare-me.de
Rayher
www.rayher.com
Baker Ross
www.bakerross.de

Danksagungen

Linda Suster möchte folgenden Menschen danken: Mike Suster, Megan Suster, Jack Suster, Emma Suster, Abby Suster, Calvin Suster und Steve Moreno-Terrill.

Toucan Books möchte folgenden Menschen danken: Penelope Armitage, Charlotte Cox, Dave Ham und Antonia und Peter van der Meer.

© Charlotte Cox

© TC Bird

Stichwortverzeichnis